CHEMIE FÜR KLUGSCHEISSER

Unnützes Wissen? Von wegen!

101 FunFacts zum Staunen,
Schmunzeln & Verblüffen

INHALT

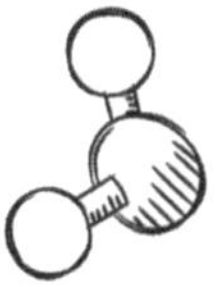

Willkommen

IM KURIOSITÄTENKABINETT DER CHEMIE

Chemie – für die einen der Albtraum der Schulzeit, für die anderen ein rätselhaftes Universum aus Formeln, Explosionen, merkwürdigen Gerüchen und unverständlichen Zaubersprüchen. Doch hinter Periodensystem und Schutzbrille verbirgt sich eine Welt voller skurriler Geschichten, die niemand wirklich braucht – die aber alle lieben, wenn sie gut erzählt werden.

Dieses Buch ist für jeden: für diejenigen, die sich freuen, endlich zu verstehen, warum Cola ein prima Reinigungsmittel abgibt – und für jene, die darüber schmunzeln, weil sie das längst wussten.

Es richtet sich an Neugierige, die nicht nur wissen möchten, was funktioniert, sondern auch warum – und zwar oft auf herrlich absurde Weise. An alle, die sich schon einmal gefragt haben, ob Bananen tatsächlich radioaktiv sind, warum Glühwürmchen leuchten können und warum man mit Helium eine Micky-Maus-Stimme bekommt.

Die Chemie steckt voller krasser Geschichten: Menschen, die nach Fisch riechen, Elemente, die sich selbst entzünden und Wasser, das selbst Gold auflösen kann. Und mittendrin der Mensch – der forscht, probiert, scheitert und manchmal aus Versehen ein explosives Meisterwerk erschafft.

Dieses Buch lässt dich Staunen und schockiert manchmal. Es dient deiner Unterhaltung durch das chemische Kuriositätenkabinett.

Willkommen in der Welt des unnützen Chemie-Wissens: skurril, nerdig, überraschend – und sogar mit praktischer Relevanz. Perfekt als

Geschenk, die Uni-Pause oder für die nächste Party, auf der du mit völlig absurder Expertise glänzen möchtest.

Nimm dieses Buch nicht zu ernst – aber nimm es mit. Es wird dich nicht retten, aber garantiert amüsieren. Und manchmal ist genau das die beste chemische Reaktion überhaupt.

Viel Spaß auf deiner molekularen Entdeckungsreise!

Kapitel 1

DEINE KÜCHE – DEIN HEIMLICHES CHEMIELABOR

Willkommen in deiner ganz privaten Forschungsstation. Hier treffen toxische Kartoffeln auf radioaktive Bananen und Cola mit Reinigungsambitionen.

1. DIE FIESE KARTOFFEL-ATTACKE

Achtung, Knollengift!

Du willst Kartoffelpüree machen – doch die Knollen grinsen dich grün aus dem Sack an? Die grünen Flecken und keimenden „Antennen" sind nicht nur unappetitlich, sie sind auch ein cleverer Schutzmechanismus der Pflanze: Hier sammelt sich Solanin, ein natürliches Nervengift, das Fraßfeinde fernhalten soll. Für uns Menschen wird es dann problematisch, wenn zu viel davon zusammenkommt.

Schon geringe Mengen können kratzen oder bitter schmecken, höhere Dosen führen zu Übelkeit, Durchfall, Schwindel oder sogar Halluzinationen. Besonders tückisch: Solanin sitzt vor allem in Schale, Keimen und den grünen Stellen. Licht, Wärme und Druck lassen den Gehalt schnell steigen.

Und leider hilft auch Hitze nicht: Solanin ist bis weit über 200 °C stabil – Kochen, Braten oder Backen zerstören es nicht. Kartoffeln, die bitter schmecken, gehören deshalb sofort in den Biomüll. Schon etwa 1 mg Solanin pro Kilogramm Körpergewicht kann Symptome auslösen – große Mengen sind lebensgefährlich.

Die Lösung ist simpel: Grüne oder keimende Stellen großzügig wegschneiden oder verdächtige Knollen gleich entsorgen. Kartoffeln mögen es dunkel, kühl und trocken – dann bleiben sie brav und lecker.

WOW!

WUSSTEST DU?

Friedrich der Große ließ im 18. Jahrhundert Kartoffelfelder von Soldaten bewachen – nicht gegen Diebe, sondern als Trick: Die Bauern wurden neugierig, stahlen die Knollen und machten so die Kartoffel zur Volksnahrung.

2. DIE SPRUDELNDE SUPERKRAFT

Cola und das Putzwunder aus dem Kühlschrank

Wer hätte gedacht, dass das braune Lieblingsgetränk ein Haushaltsass ist? Cola enthält Phosphorsäure – einen Wirkstoff, den Chemiker schon lange schätzen. Münzen polieren, Rostflecken entfernen, das Klo entkalken – Cola ersetzt in vielen Fällen den Spezialreiniger. Hausfrauen, Studenten und Experimentierfreudige feiern die Limo seit Jahrzehnten als heimlichen Putzhelden.

Besonders beeindruckend: Rostige Münzen glänzen nach einem Cola-Bad oft wie neu. Der Trick funktioniert ebenso bei Schrauben, verkrusteten Töpfen oder hartnäckigem Kalk im WC. Aber Vorsicht: Zu langes Baden kann Metalle regelrecht auflösen – die „Wertanlage" verschwindet dann mit der Zeit. Und auch Zähnen bekommt die Säure nicht gut, wenn sie regelmäßig damit in Kontakt kommt.

Chemiker sind sich einig: Ja, Cola hat Putzpower – doch für den Menschen ist sie alles andere als hilfreich. Die spritzige Säure kann bei exzessivem Genuss Knochen, Magen und Zähne angreifen.

WOW! **WUSSTEST DU?**

Cola ist nicht nur ein Getränk, sondern auch ein Putzteufel. In den USA löst sie Öl von Straßen, die britische Post poliert Münzen damit – und in Indien glänzen sogar verrostete Sensen dank Cola wieder wie neu.

3. BANANA POWER

Die geheimen Superkräfte im Obstkorb

Bananen sind nicht nur Sportlersnacks, sondern kleine, natürliche Kraftwerke – und tatsächlich radioaktiv! Verantwortlich ist das Mineral Kalium, genauer gesagt das Isotop Kalium-40, das in jeder Banane steckt. Keine Sorge: Wer Bananen isst, mutiert nicht zum Hulk. Aber jede Frucht sendet tatsächlich etwa zwölf Becquerel Strahlung aus.

In der Strahlenforschung gibt es dafür sogar eine eigene Maßeinheit: die Bananenäquivalenzdosis – rund 0,1 Mikrosievert pro Stück. Das klingt dramatisch, ist aber völlig harmlos. Erst bei Hunderttausenden Bananen pro Jahr wäre der Strahlenwert kritisch – und so viele schafft selbst der größte Fan nicht.

Zur Einordnung: Rauchmelder, Kraftwerke und sogar der menschliche Körper strahlen mehr als eine einzelne Banane. Denn auch wir tragen Kalium-40 in uns – jeder Mensch ist also ein kleiner Reaktor auf zwei Beinen.

Interessant! Ein Deutscher verputzt im Schnitt 10–12 Kilo Bananen pro Jahr – und strahlt dabei trotzdem nicht im Dunkeln. Wer im Supermarkt Panik vor „radioaktiven Bananen" schiebt, kann gelassen sagen: „Mein Muskel strahlt mehr als viele Bananen!"

WOW!

WUSSTEST DU?

Die Bananenäquivalenzdosis (BED) ist ein echter Begriff aus der Strahlenforschung. Sie zeigt: Jeder Mensch ist ein kleiner „Reaktor" – und Bananen sind offiziell harmlose, leicht radioaktive Snacks.

4. ZWIEBELSCHNEIDEN

Chemischer Krieg im Küchenformat

Jedes Mal, wenn das Messer in die Zwiebel fährt, beginnt ein kleiner Chemie-Krieg im Miniaturformat. In Millionen Zellen lauern zwei bestens getarnte Geheimagenten: das Enzym Alliinase und die schwefelhaltige Aminosäure Isoalliin. Normalerweise gehen sie sich höflich aus dem Weg – bis der Schnitt sie miteinander bekannt macht. Dann allerdings geht alles blitzschnell: Es entsteht Propanthial-S-Oxid, besser bekannt als das berüchtigte „Tränengas" der Küche.

Dieses Gas hat ein eindeutiges Ziel – unsere Augen. Dort reagiert es mit der Hornhaut, und ehe man sich versieht, bildet sich eine winzige Menge Schwefelsäure. Das Auge reagiert sofort mit einem Gegenangriff: Tränenalarm! Der Feind wird weggespült, die Schlacht ist gewonnen – zumindest vorerst.

Das Ergebnis: Millionen Hobbyköche weltweit stehen mit glasigen Augen am Herd, ohne auch nur einen Hauch von Sentimentalität. Doch die Zwiebel hat ihre Tränenformel nicht zum Spaß entwickelt – sie schützt sich damit vor hungrigen Angreifern und ungebetenen Gästen wie Wühlmäusen oder Kücheninsekten.

Und wenn Schauspieler mal echte Emotionen zeigen müssen, greifen sie gern zu dieser biologischen Geheimwaffe. Küchenchemiker wiederum setzen lieber auf Hightech – oder zumindest auf die gute alte Schwimmbrille als Schutz im Tränenkampf.

WUSSTEST DU?

Das Gas der Zwiebel ist so effektiv, dass es sogar Hunden und Katzen gefährlich werden kann. Ein ziemlich cleverer Abwehrtrick für ein Gemüse!

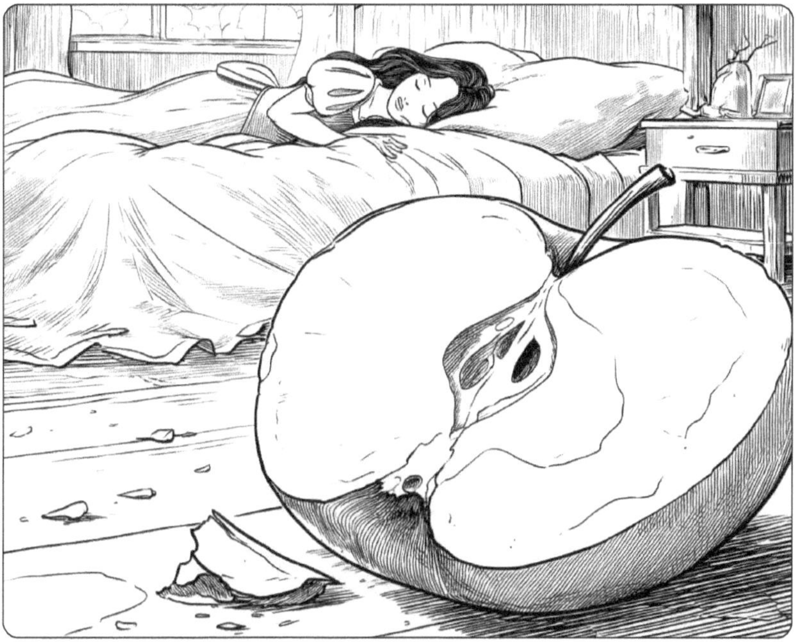

5. APFELKERNE

Mini-Giftbomben im Fruchtfleisch

Gesund oder tückisch? Der Apfel kann beides, denn wer das Kerngehäuse vernascht, nimmt mit den Samen eine Portion Amygdalin auf. Dieser Stoff ist eine raffinierte chemische Falle aus der Pflanzenwelt: Er bleibt im Apfelkern harmlos, wird aber beim Kauen vom Körper in Blausäure umgewandelt. Das fiese Gift blockiert die Zellatmung und kann in großen Mengen Herzkammerflimmern, Krampfanfälle oder sogar Atemstillstand verursachen.

Keine Panik! In den meisten Äpfeln ist so wenig Amygdalin enthalten, dass der Körper mithilfe des Leberenzyms Rhodanase alles elegant entschärft. Erst ab etwa 600 (!) zerkauten Kernen – das wären dutzende Äpfel auf einmal – droht wirklich Gefahr. Deutlich intensiver schmecken Bittermandeln oder Wildäpfel.

Pflanzen sind Meister im Tricksen: Mit Amygdalin schlägt der Apfel hungrige Feinde in die Flucht und sorgt dafür, dass seine Samen heil ins nächste Abenteuer starten können. Nebenbei stecken in den Kernen Eisen und Magnesium – und das viel diskutierte Vitamin B17, das als Allheilmittel gehypt wird. Bei der Giftwirkung ist jedoch Vorsicht geboten: Nicht übertreiben mit dem „Kerneessen"!

WOW!

WUSSTEST DU?

Die „Apfelkern-Challenge" ist keine gute Idee – aber erst extreme Mengen machen krank. Schneewittchens Apfel muss also mit einem anderen Stoff versetzt gewesen sein.

Kapitel 2

EXPLOSIONEN, DIE NIEMAND BRAUCHT

Chemie kann manchmal wie ein schlechter Actionfilm sein: viel Krach, wenig Sinn. Hier geht's um Reaktionen, bei denen man sich fragt, ob das wirklich sein musste.

6. AZIDAZIDAZID

das explodierende Nichts

Stell dir einen Stoff vor, der schon beim Gedanken an einen Knall in die Luft gehen könnte: Azidazidazid (C_2N_{14}), treffend als „explodierendes Nichts" bekannt. Erstmals 2011 an der Ludwig-Maximilians-Universität in München synthetisiert, war schon seine Herstellung ein waghalsiger Drahtseilakt. Niemand wusste, ob das Molekül stabil genug wäre, um überhaupt existieren zu können – oder ob es sich wortwörtlich in Rauch auflöst.

C_2N_{14} ist ein wahres Energie-Sammelsurium: sieben hochgespannte Stickstoffpaare in einem einzigen Kristall. Die Verbindung ist so empfindlich, dass schon ein Sonnenstrahl, ein schiefer Blick oder das sanfte Ablegen auf einer Glasplatte zur Detonation führen können. Forscher berichten, dass selbst ein Laserstrahl genügt, um das „Nichts" explodieren zu lassen.

Mit einem Zersetzungspunkt von nur 124 °C und einer Stoßempfindlichkeit unter 0,25 Joule gilt Azidazidazid als eine der gefährlichsten Verbindungen der Welt. Bei seiner Zersetzung entweicht zwar nur harmloser Stickstoff – doch bis dahin sorgt das Molekül für maximalen Adrenalinschub.

Warum baut man so etwas? Die Antwort ist so menschlich wie faszinierend: aus purer Neugier. Manchmal erschafft die Chemie einen Stoff nur, um zu beweisen, dass es geht.

WOW!

WUSSTEST DU?

Azidazidazid ist so empfindlich, dass es schon bei der kleinsten Erschütterung explodieren kann. Kein Wunder, dass C_2N_{14} als „explodierendes Nichts" berüchtigt ist.

7. KNALLGAS:

Zwei harmlose Gase, ein lauter Knall

Wasserstoff und Sauerstoff gehören zu den unscheinbarsten Gasen des Alltags – bis sie kollidieren. Kombiniert man sie im Verhältnis 2:1 und zündet sie an, entsteht ein Knall, der seit Generationen Schüler begeistert. Die Knallgasreaktion ist ein Paradebeispiel dafür, wie spektakulär das Banale werden kann.

Hinter dem „Boom" steckt eine rasante Kettenreaktion: H_2- und O_2-Moleküle zerfallen, bilden hochreaktive Radikale und reagieren explosionsartig. Die Detonationsgeschwindigkeit liegt bei rund 2820 m/s – und am Ende entsteht aus dem Chaos nichts anderes als Wasser. Klassische Verbrennung, maximal dramatisch inszeniert.

Die Knallgasprobe ist nicht nur Chemieklassiker, sondern auch Krimi-Requisite und Publikumsmagnet bei Science-Shows. Ein Ballon voller Wasserstoff, ein Streichholz – und schon sorgt der Knall für offene Münder.

Die spektakulärste Explosion gelingt, wenn der Wasserstoffanteil genau doppelt so hoch ist wie der von Sauerstoff. Mit zunehmendem Druck steigt die Wucht, bis die Kettenreaktion abbricht und die Gase friedlich bleiben. Wer den Effekt erleben will, sollte es nur unter Anleitung tun – und die Ohren besser zuhalten.

WUSSTEST DU?

Die Knallgasreaktion verwandelt zwei Moleküle Wasserstoff und ein Molekül Sauerstoff mit einem lauten Knall in Wasser. Spektakulär – und ein nasses Vergnügen.

8. NITROCELLULOSE

Filmrollen, die schießen können

Ein gemütlicher Filmabend: Stuhlreihen knarzen, der Beamer surrt,

Popcorn raschelt – und in den Anfängen des Kinos lauerte ein echtes Chemie-Drama. Die Filmrollen bestanden aus Nitrocellulose, auch „Schießbaumwolle" genannt. Schon der Name verrät: Diese Substanz liebt den großen Auftritt. Mit Salpeter- und Schwefelsäure behandelter Baumwolle hergestellt, verpufft sie bei Kontakt mit Feuer explosionsartig – schneller, als man „Licht aus!" rufen kann.

Warum machte man daraus Filme? Weil Nitrocellulose durchsichtig, biegsam und ideal als Trägermaterial war. Doch wehe, ein Funke flog oder der Film blieb zu lange in der heißen Projektionslampe: In Sekunden wurde das „brandaktuelle Kino" zur Falle. Einmal entzündet, brennt Nitrofilm mit eigenem Sauerstoff weiter – Wasser, Sand oder Schaum helfen nicht. Kein Wunder, dass sein Transport in Bahnen und Bussen verboten war. Tragödien wie der Brand des Pariser Bazar de la Charité 1897 mit über 100 Toten machten die Gefahr weltbekannt.

Ab den 1950er-Jahren ersetzte der „Sicherheitsfilm" aus Acetat oder Polyester die chemischen Zündschnüre der Kinogeschichte. Doch Vorsicht: Alte Nitrofilme können auch heute noch innerhalb von Sekunden vom Nostalgieobjekt zur pyrotechnischen Attraktion werden.

WUSSTEST DU?

Schießbaumwolle wurde einst als Sprengstoff entwickelt – und später für Filmrollen und Lacke genutzt. In der Stummfilmzeit war „brandaktuell" wörtlich zu nehmen: Kinovorführer brauchten oft einen Feuerlöscher.

9. FRUCHTBOMBE

Wassermelonen

Sommer, Sonne, Wassermelone – der Star auf jedem Buffet: saftig, süß und herrlich erfrischend. Doch leg die grüne Riesenfrucht in die Mikrowelle, und aus dem Sommerhit wird eine Fruchtbombe. Was wie ein harmloses TikTok-Experiment aussieht, endet nicht selten mit klebrigen Wänden, einem lauten Knall und einer spontanen Großputz-Aktion.

Die Erklärung ist reine Physik und Chemie: Wassermelonen enthalten viel Wasser und Zucker. In der Mikrowelle wird das Wasser ungleichmäßig erhitzt, Hitzeinseln entstehen, der Druck steigt – bis die stabile Schale plötzlich nachgibt. Gärungs- und Erhitzungsgase wie CO_2 und Wasserdampf verstärken den Effekt und lassen die Melone regelrecht explodieren. Je reifer die Frucht, desto größer die Gefahr: Manchmal genügt schon ein kleiner Stoß oder warme Lagerung, um sie zur „Spontanbombe" zu machen.

Besonders heftig wird es, wenn die Melone unangeschnitten in die Mikrowelle kommt. Die Energie staut sich, Reaktionen laufen unsichtbar ab – und sobald das Gleichgewicht kippt, verteilt sich der Inhalt schlagartig in der ganzen Küche. Wer es ausprobieren will, schneidet die Melone besser vorher an oder nutzt kleinere Stücke. Und ja: Auch Tomaten, Eier oder Würstchen können in der Mikrowelle zu Mini-Explosionen führen.

WUSSTEST DU?

Wassermelonen können nicht nur in der Mikrowelle explodieren: Überreife Melonen platzen auch in der Sommerhitze. Supermärkte mussten schon schäumende Melonen entsorgen.

10. TATP

Das Bastler-Desaster

Chemie kann faszinierend und brandgefährlich zugleich sein: TATP, berüchtigt als „Mother of Satan", ist die Diva unter den Sprengstoffen – hochexplosiv, aus relativ simplen Zutaten herstellbar, und so unberechenbar, dass selbst Profis nervös werden. Ein Gemisch aus Aceton, Wasserstoffperoxid und Säure – alles aus dem Einkaufsregal – reicht, um wenige Gramm eines extrem wirksamen Sprengstoffs herzustellen. Schon die Synthese ist ein Ritt auf der Rasierklinge: Reibung, Wärme oder kleinste Funken genügen, um das Ganze in die Luft zu jagen.

Die Erklärung liegt in der Struktur: TATP ist ein organisches Peroxid, dessen Kristalle Sauerstoff locker gebunden halten. Bei der geringsten Erschütterung kollabiert das Molekül, und die gespeicherte Energie entlädt sich in einer massiven Explosion. Das Material gilt als notorisch unberechenbar – für Bastler ist es der Albtraum schlechthin. Berüchtigt sind Fälle, in denen TATP schon beim Zuschrauben des Behälters detonierte.

Die Sprengkraft ist gewaltig: Je nach Reinheit erreicht TATP bis zu 100 % der TNT-Leistung. Die Detonation verläuft ohne grellen Feuerball, aber mit so viel Gasentwicklung, dass Metalltüren, Autos oder ganze Mauern auseinanderfliegen. Weil TATP keine Stickstoffatome enthält, entgeht es vielen Standard-Sprengstofftests – ein Grund für seinen traurigen Ruhm bei Anschlägen und Geldautomaten-Sprengungen.

Das Fazit der Experten: Finger weg! Die Chemie dieses Stoffs ist launisch, tödlich und nichts für Experimente. Wer TATP herstellen will, verabschiedet sich nicht nur von seinem Hausrat – sondern riskiert sein Leben.

WUSSTEST DU?

Das Patent zu TATP stammt von 1895 aus Deutschland. Wer die Substanz im Labor hat, weiß: Schon das Öffnen eines Glases kann der letzte Handgriff sein.

11. MENTHOS + COLA =

Fontäne des Wahnsinns

Ein Klassiker auf jeder Party: Man nehme eine Flasche Cola, ein paar Menthos und etwas Mut – und schon schießt eine braune Fontäne durch die Luft, die jede Geburtstagsparty unvergesslich macht. Doch Vorsicht: Hinter dem sprudelnden Spektakel steckt keine Magie und keine chemische Reaktion, sondern pures Physiktheater.

Der Schlüssel liegt in der Cola: In der kohlensäurehaltigen Limonade ist jede Menge CO_2 gebunden – unsichtbar und unter Druck. Normalerweise entweicht es nur in Form kleiner Bläschen, die gemächlich an die Oberfläche steigen. Doch Menthos sind kleine Saboteure: Ihre raue, poröse Oberfläche bietet unzählige Startpunkte, sogenannte Nukleationspunkte. Fällt nun eine ganze Handvoll in die Flasche, löst sich das Gas schlagartig, Millionen winziger Bläschen bilden sich gleichzeitig, steigen auf und reißen die Cola in einer beeindruckenden Fontäne mit nach oben. Je nach Flaschengröße und Bonbonanzahl schießt der Geysir mehrere Meter in die Höhe.

Besonders spektakulär: Diät-Cola sorgt für die höchsten Fontänen. Das darin enthaltene Aspartam senkt die Oberflächenspannung, wodurch noch mehr Blasen entstehen können. Ein perfektes Beispiel dafür, wie Physik und Chemie zusammenwirken – und beweist, dass Süßstoff die Partylaune steigern kann.

Chemisch passiert dabei nichts Neues: Das CO_2 wechselt lediglich seinen Zustand – von gelöst zu gasförmig – und das in Rekordzeit. Wer Cola und Menthos kombiniert, wird für einen Moment zum Chemiker, Zauberer und Entertainer zugleich – und verwandelt das Wohnzimmer in eine Tropenlandschaft.

WOW!

WUSSTEST DU?

Die Mentos-Cola-Show ist so beliebt, dass es sogar YouTube-Rankings der höchsten Fontänen gibt. Selbst Chemieprofessoren nutzen das Spektakel gern im Unterricht.

Kapitel 3

TIERISCH CHEMISCH

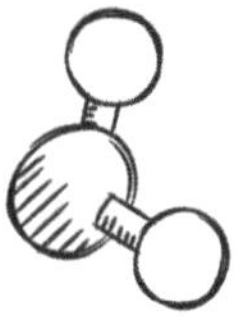

Wenn du dachtest, Tiere seien nur süß, dann hat dich die Natur eiskalt erwischt. Willkommen im Zoo der Moleküle – mit Kreaturen, die leuchten, sprühen oder töten.

12. GLÜHWÜRMCHEN

Meister der Biolumineszenz

Sommernacht auf der Wiese: Plötzlich leuchtet es wie auf einem Flugfeld. Glühwürmchen geben alles, um auf Partnersuche Eindruck zu machen. Doch anders als Straßenlaternen erzeugen sie ihr Licht nicht elektrisch, sondern auf chemischem Weg – und das effizienter, als jede Glühbirne es je könnte.

Das Geheimnis liegt im Bauch: Das Molekül Luciferin trifft auf das Enzym Luciferase, dazu kommt Sauerstoff – und schon beginnt die Lightshow. Dabei wird chemische Energie nahezu verlustfrei in sichtbares „kaltes Licht" umgewandelt, also fast ohne Wärme. Glühwürmchen schaffen über 98 % Lichtausbeute – eine gewöhnliche Glühbirne bringt es auf kaum fünf Prozent und verschwendet den Rest als Hitze.

Auch das Timing ist ein Meisterwerk: Mit Hilfe von Stickstoffmonoxid steuern die Käfer, wann Sauerstoff zu den leuchtenden Zellen – den „Laternen" – gelangt. So können sie gezielt blinken, Morsezeichen senden oder Dauerlicht anschalten, je nachdem, ob sie Partner anlocken oder Rivalen beeindrucken wollen.

Dieses Schauspiel begeistert nicht nur Naturfreunde. Die Biolumineszenz der Glühwürmchen diente bereits als Vorbild für hocheffiziente LEDs und wird in der Medizin als Leuchtmarker genutzt. Wer in einer Sommernacht das sanfte Blinken sieht, erlebt also nicht nur Romantik, sondern auch ein echtes Lehrstück der Naturchemie.

WOW!

WUSSTEST DU?

Glühwürmchen sind wahre Effizienzmeister: Sie erzeugen fast 100 % Licht – LEDs schaffen höchstens 40 %, Glühbirnen nur rund 20 %. Ein echtes Natur-Hightech-Wunder!

13. BOMBARDIERKÄFER

Die lebende Sprühdose

Stell dir eine Spraydose vor, die durch die Wiese krabbelt: Der Bombardierkäfer ist ein Meisterwerk der natürlichen Chemieingenieurskunst. In seinem Hinterleib lagert er zwei Substanzen – Wasserstoffperoxid und Hydrochinon – streng getrennt wie feindliche Agenten. Bei Gefahr mischt er sie in einer winzigen Reaktionskammer, zusammen mit den Enzymen Katalase und Peroxidase. Diese Katalysatoren starten eine heftige Reaktion in Sekundenbruchteilen.

Das Ergebnis ist spektakulär: Das Wasserstoffperoxid zerfällt zu Wasser und Sauerstoff, Hydrochinon wird zu giftigem Benzochinon oxidiert. Die Mischung erhitzt sich auf rund 100 °C, der Druck steigt, und mit einem hörbaren Knall schießt der Käfer sein chemisches Spray bis zu 30 Zentimeter weit auf den Angreifer. Die bewegliche Düse erlaubt ihm sogar, präzise unter dem eigenen Körper nach vorne zu zielen. Ameisen, Frösche und andere Fressfeinde nehmen Reißaus – oder, im Fall von Fröschen, erbrechen das Mahl gleich wieder.

Besonders beeindruckend: Der Käfer kann seine chemischen Vorräte portionieren und bei längerem Angriff mehrfach sprühen. Spezielle Ventile verhindern, dass er sich selbst verletzt. Ein perfektes Beispiel dafür, dass die Natur nicht nur kreativ, sondern auch ein ziemlich raffinierter Chemiker ist.

WUSSTEST DU? WOW!

Forscher haben den Bombardierkäfer genau beobachtet und seine Sprühtechnik kopiert – heute inspiriert sie industrielle Anlagen, die heißes Wasser blitzschnell und gezielt verteilen.

14. SPINNENGIFT

Filigrane Meister der Nervengifte

Manche Spinnen arbeiten so genau wie Hightech-Labore: Ihr Gift ist ein mikrochemischer Cocktail aus unzähligen Molekülen. Die Stars darin sind komplexe Peptidmoleküle – Nervengifte, die punktgenau an den Ionenkanälen der Nervenzellen andocken und damit blitzschnell Signale lahmlegen. In der Natur bedeutet das für Beutetiere Erschlaffung, Krämpfe oder Lähmungen. Die Spinne gewinnt, weil ihr Gift so effektiv ist, dass ein winziger Tropfen für Wehrlosigkeit reicht.

Doch die „Molekül-Magie" hat auch positive Seiten: Wissenschaftler erkennen im Spinnengift großes Potenzial für die Medizin. Einige Peptide sind so spezifisch, dass sie nur bestimmte Schmerzrezeptoren blockieren, Nebenwirkungen minimieren und als neue Schmerzmittel wirken können – gerade bei chronischen oder neuropathischen Schmerzen, für die gängige Mittel oft versagen. Der große Vorteil: Spinnengift-Peptide zeichnen sich durch hohe Stabilität und Wirksamkeit in kleinster Dosis aus.

Forschungsteams weltweit synthetisieren diese Moleküle und testen sie bei Krankheiten wie Epilepsie, Schlaganfällen oder als selektive Pestizide, die gezielt Schadinsekten treffen und Nützlinge schonen. Die Natur hat mit Spinnengift eine Medizin hervorgebracht, die raffinierter ist als so manche Erfindung der Pharmaindustrie.

WOW!

WUSSTEST DU?

Das Peptid Hila aus dem Gift der australischen Trichternetzspinne kann Folgeschäden nach Schlaganfällen verringern. Spinnengifte liefern zudem Ansätze für neue Medikamente gegen Epilepsie und Schmerz.

15. TINTENFISCHE

Meister der Tarnung

Stell dir vor, du blickst aufs Meeresriff – und plötzlich verwandelt sich ein Stein in einen Künstler, der blitzschnell die Farbe wechselt. Willkommen in der Welt der Tintenfische! Ihr Tarngeheimnis liegt in Millionen winziger Farbzellen, den Chromatophoren. Diese reagieren in Lichtgeschwindigkeit auf neuronale Impulse: Zieht der Muskel die Zelle zusammen, tritt das Pigment hervor – und das Tier trägt ein neues Outfit. Von gepunktet bis gestreift, von leuchtend Rot bis Tarn-Braun ist alles möglich. Hinter den Chromatophoren sorgen Iridophoren sogar für schillernde Regenbogeneffekte. Ihre Haut ist ein biologischer Bildschirm.

Doch Tintenfische können noch mehr: Sie wechseln nicht nur die Farbe, sondern auch Muster und sogar die Struktur ihrer Haut. So werden sie zum Felsen, Seegras oder Korallenstück – und liefern eine bewegte Farbenshow. Forscher haben über 40 verschiedene Looks gezählt, alle in Sekundenbruchteilen. Selbst im Schlaf zeigen manche Tintenfische Farbwechsel – vielleicht träumen sie oder trainieren ihre Tarnung.

Die Natur hat hier einen wahren Meister der Illusion erschaffen, der die Hightech-Forschung inspiriert: Wissenschaftler entwickeln bereits Oberflächen, die blitzschnell ihre Farbe wechseln – ganz nach dem Vorbild dieser geheimnisvollen Meereskünstler.

WOW!

WUSSTEST DU?

Tintenfische können in Sekunden ihre Farbe wechseln – ein Trick, den Forscher für Hightech-Oberflächen nachbauen. Roboter mit Tarnfunktion sind keine Science-Fiction mehr.

16. PFEILGIFTFRÖSCHE

Chemie aus dem Regenwald

Farbenfroh und winzig, aber tödlich: Pfeilgiftfrösche sind wahre Chemie-Strategen. Ihre Haut trägt hochwirksame Alkaloide, die von indigenen Völkern seit Jahrhunderten genutzt werden, um Jagdpfeile zu präparieren. Das Überraschende: Die Frösche stellen die Gifte nicht selbst her. Sie sammeln sie über die Nahrung – Ameisen, Milben und Käfer liefern die winzigen, aber extrem potenten Moleküle. Im Körper werden sie gespeichert und über die Haut abgegeben – ein biologisches Anti-Raubtier-Spray mit Sofortwirkung. Für Angreifer bedeutet das Muskelkrämpfe, Lähmungen oder den kompletten Ausfall des Nervensystems.

In Gefangenschaft versiegt die chemische Rüstung erstaunlich schnell. Statt Ameisen und Milben gibt es im Terrarium meist Fruchtfliegen, und damit fehlt die entscheidende „Zutat". Nach rund zwei Jahren ist der Vorrat aufgebraucht – und die Nachzuchten sind völlig harmlos. Im Wohnzimmer bleibt der Jagderfolg also aus.

Forscher untersuchen diese Alkaloide heute als mögliche Vorlagen für Medikamente und Bio-Pestizide. Die Natur hat hier ein Arsenal an Molekülen erschaffen, das noch lange nicht vollständig erforscht ist – und dessen Geheimnisse vielleicht eines Tages helfen, neue Wirkstoffe gegen Krankheiten zu entwickeln.

WOW!

WUSSTEST DU?

Über 200 Frosch-Alkaloide sind bekannt – einige davon gelten als Hoffnungsträger für neue Schmerzmittel und Bio-Pestizide. Ein medizinischer Schatz aus dem Regenwald.

Kapitel 4

ELEMENTE, DIE DU SICHER NIE TREFFEN WILLST

Im Periodensystem gibt es echte Diven:
instabil, toxisch und hochreaktiv. Dieses Kapitel ist eine Warnliste,
bei der es wenig zu Lachen gibt.

17. POLONIUM

Das lautlose Killer-Element

Manche Elemente wirken, als seien sie direkt aus einem Spionage-Thriller entsprungen – und Polonium-210 ist der unangefochtene Bösewicht. Ein einziges Gramm könnte theoretisch Millionen Menschen töten. Die Ursache ist seine unheimlich starke Alphastrahlung: Sie zerstört Zellen von innen heraus, zerreißt DNA-Stränge und pulverisiert Gewebe. Solange Polonium sicher eingeschlossen bleibt, ist es harmlos. Doch gelangt auch nur ein winziger Krümel in den Körper, ist das tragische Ende nicht mehr aufzuhalten.

Berüchtigt wurde Polonium-210 durch den Fall des russischen Ex-Agenten Alexander Litwinenko: Sein Tee wurde mit winzigen Mengen versetzt, und innerhalb weniger Wochen starb er. Schon ein Millionstel Gramm kann tödlich sein. Es gibt kein Gegenmittel. Die Symptome beginnen mit Schwäche und Übelkeit und enden in Organversagen.

Das Gefährliche: Alphastrahlen haben eine so kurze Reichweite, dass sie die Haut nicht durchdringen – deshalb lässt sich Polonium relativ unauffällig transportieren. Wer es in der Hand hält, lebt riskant. Wer es verschluckt, hat keine Chance. Ein Element, das besser für immer hinter dicken Bleiwänden bleibt.

WUSSTEST DU?

Polonium-210 gilt als „perfektes Mordgift" – millionenfach tödlicher als Blausäure, unsichtbar und schwer nachweisbar. Kein Wunder, dass es in Krimis und Spionagethrillern die Hauptrolle spielt.

18. CHLOR

vom Giftgas zum Schwimmbadhelden

Chlor – das klingt nach Sommer, Schwimmbad und Ferienlaune. Doch als Gas ist es ein grünlich-gelber Albtraum mit stechendem Geruch. Die Chemie liebt es als Desinfektionsmittel, aber seine düstere Seite zeigte sich 1915 in Ypern: Damals rollten gelbliche Chlorschwaden über die Schützengräben des Ersten Weltkriegs. Wenige Atemzüge reichten, um Soldaten mit Lungenödemen und Atemnot zu töten.

Seine tödliche Wirkung verdankt Chlor seiner enormen Reaktivität: Es zerstört Schleimhäute in Nase, Mund und Bronchien, reizt die Atemwege und führt in hohen Dosen zum Erstickungstod. Doch in minimaler Konzentration wird aus der Massenvernichtungswaffe ein Segen: Im Schwimmbad sorgt Chlor – korrekt dosiert mit nur 0,3 bis 0,6 mg/l – für hygienisch sauberes Wasser.

Chlor bleibt ein zweischneidiges Schwert: unverzichtbar für die

Wasserdesinfektion, gefährlich in hoher Konzentration. Sein stechender Geruch wirkt als natürliche Warnung – ein Hinweis darauf, wie schmal der Grat zwischen nützlich und schädlich ist.

WUSSTEST DU?

Chlorgas war das erste Massenvernichtungsmittel des 20. Jahrhunderts – entwickelt von Fritz Haber, eigentlich Düngemittel-Pionier. Heute sorgt es als Poolreiniger für sauberes Wasser, solange niemand überdosiert.

19. FLUOR

das durchgeknallte Halogen

Stell dir vor, ein Element attackiert alles, was ihm unter die Moleküle kommt – das ist Fluor! Mit seiner blassgelb-grünen Farbe und dem stechenden Geruch ist es sofort erkennbar – und hochreaktiv. Es greift nahezu alle Stoffe an, selbst Edelgase wie Xenon oder Radon, mit denen sonst kaum ein Element reagiert.

Sogar Glas ist nicht beständig: Bei höheren Temperaturen zerstört elementares Fluor das Siliziumnetzwerk, bis nur noch gasförmiges Siliciumtetrafluorid bleibt. Für die Lagerung benötigt man spezielle Behälter aus Nickel, Monel-Metall oder Teflon – andere Materialien würden einfach zersetzt.

Im Kontakt mit Wasser, Metallen oder organischen Verbindungen kann Fluor explosionsartig reagieren. Selbst im Dunkeln bleibt es aktiv: Mit Wasserstoff bildet es unter Freisetzung großer Energiemengen Fluorwasserstoff.

Im Alltag ist Fluor trotzdem nützlich: Als Bestandteil von Zahnpasta schützt es die Zähne, und fluorierte Kunststoffe wie Teflon bringen Bratpfannen zum Glänzen.

WUSSTEST DU? WOW!

Fluor ist das aggressivste Oxidationsmittel der Chemie und zwingt sogar Edelgase in Bindungen. Ohne Spezialbehälter lässt es sich nicht sicher lagern oder transportieren.

20. BROM

Das flüssige Gift

Neben Quecksilber ist Brom das einzige Element, das bei Raumtemperatur flüssig bleibt. Sieht irgendwie nach Cola aus, aber Vorsicht: der Geruch ist scharf, beißend! Der griechische Name „bromos" bedeutet nicht umsonst „Gestank": Der Dampf brennt in Augen und Kehle, ist fünfmal schwerer als Luft – und so giftig, dass schon wenige Tropfen Haut und Schleimhäute heftig reizen können.

Brom ist eine rotbraune Flüssigkeit mit Superkräften: Es kann in kurzer Zeit Metalle angreifen, Kunststoffe zerstören und Papier auflösen. Die Dämpfe sind tückisch – sie verursachen Kopfschmerzen, Husten, Nasenbluten und im schlimmsten Fall Lungenödeme. Flüssiges Brom verursacht auf der Haut tiefe, langsam heilende Wunden!

Allerdings: In winziger Menge wird Brom als Desinfektionsmittel und in Medikamenten eingesetzt.

WOW!

WUSSTEST DU?

Brom steckt auch im Meerwasser – etwa 70 Gramm pro Kubikmeter. Ein seltenes, nützliches, aber gefährliches Element.

21. QUECKSILBER

Gefährliche Perlen

Früher war Quecksilber das Herzstück von Thermometern und in Laboren alltäglich. Heute treibt es dem Chemiker den Angstschweiß auf die Stirn! Das einzige Metall, das bei Raumtemperatur flüssig bleibt, verdampft langsam – und die unsichtbaren Dämpfe lagern sich Schritt für Schritt im Gehirn und in anderen Organen ab.

Schon ein zerbrochenes Thermometer kann ausreichen, um giftigen Dampf freizusetzen. Wird er eingeatmet, führt das langfristig zu einer schleichenden Vergiftung. Erste Symptome können Zittern, Konzentrationsstörungen, Kopfschmerzen oder Taubheitsgefühle sein.

Besonders tückisch: Das Nervengift wird im Zentralnervensystem und in den Nieren gespeichert – Symptome kommen oft erst nach Tagen oder gar Jahren zum Vorschein. Ein bekanntes Beispiel ist die

Minamata-Krankheit in Japan, die durch quecksilberbelastete Gewässer ausgelöst wurde – mit schweren neurologischen Folgen für die Bevölkerung.

Kleine Mengen aus zerbrochenen Thermometern sind in der Regel ungefährlich, sofern sofort gelüftet und gründlich gereinigt wird. Doch bereits rund 150 Milligramm können tödlich wirken.

WOW!

WUSSTEST DU?

Wenn Quecksilber verschüttet wird, zerfällt es in viele kleine silbrig glänzende Kugeln. Sie sehen harmlos aus, geben jedoch über Wochen giftige Dämpfe ab.

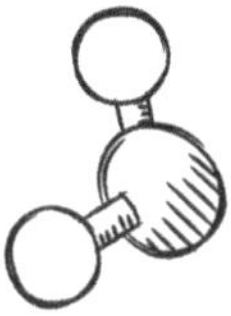

Kapitel 5

DÜFTE AUS DER UNTERWELT

Die Nase lügt nicht – sie leidet. Hier erfährst du, welche Moleküle den Geruch von Fuß, Furz und Fisch definieren. Und ja, manche davon stecken auch in Parfüms.

22. THIOETHER

warum faule Eier stinken

Manche Gerüche sind unverkennbar: faulige Eier, Abfluss oder reifer Käse. Verantwortlich dafür sind organische Schwefelverbindungen wie Thioether und Thiole. Schon winzige Mengen reichen aus, um einen intensiven Geruch wahrzunehmen – oft im Nanogramm-Bereich.

Ein Beispiel ist Ethanthiol, das bereits bei einer extrem geringen Konzentration wahrgenommen wird. Ursache ist der Schwefelanteil in diesen Molekülen, der besonders geruchsaktive Verbindungen bildet.

Beim Zersetzen von Eiweiß oder in biologischen Prozessen entstehen Dimethylsulfid und andere Schwefelverbindungen – Stoffe, die für den typischen Geruch fauler Eier oder bestimmter Lebensmittel verantwortlich sind.

Auch in Käse und anderen fermentierten Produkten spielen Thioether und Thiole eine Rolle: In geringer Konzentration verleihen sie das charakteristische Aroma, in höherer Dosis werden sie als unangenehm empfunden.

WOW!

WUSSTEST DU?

Das Sekret des Stinktiers enthält Thioether und Thiole in besonders hoher Konzentration – ihre Intensität reicht aus, um Feinde auf große Distanz abzuschrecken.

23. BUTANSÄURE

wenn Füße sprechen könnten

Butansäure, auch Buttersäure genannt, ist eine der intensivsten geruchsaktiven organischen Säuren. Sie entsteht, wenn Bakterien in feuchtwarmem Milieu Schweißbestandteile zersetzen – etwa in

Schuhen oder auf der Haut. Der typische Geruch wird oft als „ranzig" oder „säuerlich" beschrieben und ist schon in geringster Konzentration wahrnehmbar.

Die Geruchsschwelle liegt bei etwa 0,06 mg pro Kubikmeter Luft. Butansäure kommt auch in ranziger Butter, Erbrochenem und in manchen Käsesorten mit besonders kräftigem Aroma vor. In der Lebensmittelchemie trägt sie zum charakteristischen Duft gereifter Käse bei, während sie in anderen Zusammenhängen als unangenehm empfunden wird.

Auch im Tierreich spielt die Verbindung eine Rolle: Sie wirkt auf einige Insektenarten, wie die Stubenfliege, anziehend, während andere Tiere – etwa Maulwürfe – sie meiden.

WUSSTEST DU? WOW!

Butansäure ist Bestandteil vieler klassischer Stinkbomben und dient manchen Käferarten als natürliche Abwehrsubstanz.

24. TRIMETHYLAMIN

Duftnote: Fischmarkt bei 40 °C

Trimethylamin ist die chemische Ursache für den typischen Geruch von verdorbenem Fisch. Die Verbindung entsteht, wenn Bakterien Eiweiß zersetzen und dabei Stickstoffverbindungen freisetzen. Schon kleinste Mengen reichen aus, um den charakteristischen „Fischgeruch" wahrzunehmen – deshalb dient Trimethylamin auch als Indikator für verdorbene Meeresprodukte.

Besonders deutlich wird die Wirkung bei der seltenen Stoffwechselstörung Trimethylaminurie, auch Fischgeruch-Syndrom genannt. Betroffene können das Molekül nicht abbauen, weil ein Leberenzym fehlt. Dadurch wird Trimethylamin über Schweiß, Atem und Urin ausgeschieden – und sorgt für einen anhaltenden, fischigen Geruch. Selbst bei strengster Hygiene bleibt das Problem bestehen, was für viele zu sozialer Isolation führt.

Trimethylamin ist ein farbloses, leicht brennbares Gas mit basischen Eigenschaften und wird in der Industrie unter anderem als Katalysator eingesetzt.

WOW! **WUSSTEST DU?**

Trimethylaminurie lässt sich per Genanalyse und Urintest eindeutig nachweisen. Durch spezielle Diäten kann der Geruch abgeschwächt, aber nicht vollständig verhindert werden.

25. SKATOL

wie Scheiße riecht (und wieso)

Skatol entsteht beim Abbau der Aminosäure Tryptophan im Darm. Das Indolderivat ist für den typischen Geruch von Fäkalien verantwortlich – ein Geruch, den man nur einmal wahrnehmen muss, um ihn nie wieder zu vergessen. Auch in Ställen, Mist und manchmal sogar im Schweinefleisch ist Skatol in Spuren vorhanden. Der Name stammt vom griechischen skatos, was schlicht „Kot" bedeutet.

In winzigsten Mengen jedoch zeigt das Molekül eine erstaunliche Wandlungsfähigkeit: Dann riecht es süßlich, beinahe blumig. Parfümeure nutzen diesen Effekt gezielt und setzen Spuren von Skatol in hochwertigen Düften ein, um ihnen Tiefe und Wärme zu verleihen – eine kaum bekannte, aber durchaus wirkungsvolle olfaktorische Gratwanderung.

Auch in der Natur kommt Skatol vor, etwa in bestimmten Blüten, die mit ihrem Duft Insekten anlocken. Trotzdem reagiert der Mensch instinktiv mit Ablehnung – unsere Nase erkennt sehr zuverlässig, was besser gemieden wird.

WOW! **WUSSTEST DU?**

In edlen Parfums steckt manchmal tatsächlich Skatol – in so geringer Konzentration, dass der Duft nicht abstoßend, sondern überraschend angenehm wirkt.

26. INDOL

Zwischen Jasmin und Jauche

Ein Molekül, zwei Extreme: Indol ist ein Paradebeispiel für chemische

Ambivalenz. In hoher Konzentration riecht es stechend und unangenehm – stark verdünnt hingegen verleiht es Jasminblüten ihren charakteristischen, betörenden Duft. Parfümeure nutzen diesen Kontrast gezielt und setzen winzige Mengen Indol ein, um luxuriösen Düften Tiefe und Natürlichkeit zu verleihen.

Chemisch entsteht Indol beim Abbau der Aminosäure Tryptophan, etwa im menschlichen Darm. Es kommt aber auch in Kaffee, Bier, Wein und gereiftem Käse vor – und in Jasminblüten, wo es in minimaler Dosis zur sinnlichen Duftsignatur beiträgt.

Wer also ein Jasminparfum trägt, trägt auch einen Hauch des Moleküls in sich, das im Übermaß sehr abstoßend wirkt. Ein feines Beispiel dafür, dass Wohlgeruch oder Abwehr eine Frage der Menge ist.

WOW!

WUSSTEST DU?

Indol ist sowohl im Parfum als auch im Darm aktiv – je nach Dosis betörend oder abstoßend.

Kapitel 6

FLÜSSIGE ALBTRÄUME

Nicht alles, was flüssig ist, ist harmlos. Hier geht`s um ätzende, explosive und tödlich Chemikalien. Nur lesen, nicht nachmachen!

27. AQUA REGIA

Königswasser, das selbst Gold frisst

Chemie liebt Superlative – und Aqua regia, das „königliche Wasser", ist eines der größten: Nur dieser teuflische Mix aus konzentrierter Salz- und Salpetersäure (3:1) kann selbst das scheinbar unzerstörbare Gold auflösen. Auch Platin und Palladium schmelzen dahin wie Butter in der Sonne.

Der Trick liegt im Teamwork: Salpetersäure liefert aggressive Oxidationsmittel, Salzsäure massenhaft Chloridionen. Gemeinsam bilden sie Komplexe, die Gold und andere Edelmetalle aus ihrem stabilen Gitter herauslösen – fast wie chemische Schatzräuber.

Der Name ist Programm: Gold galt seit jeher als „königliches Metall", und nur ein echtes Chemie-Kraftpaket darf es „entthronen". Aqua regia leuchtet gelb-orange, riecht scharf nach Chlor und muss frisch angesetzt werden – sonst zerfällt es wieder in seine Bestandteile.

Nur Silber bleibt beständig: Es bildet eine schützende Schicht aus Silberchlorid und widersteht der Säure. Für Alchemisten, Edelmetallraffinerien und gelegentlich auch geschickte Betrüger war Aqua regia über Jahrhunderte das bevorzugte Lösungsmittel für Edelmetalle.

WUSSTEST DU? WOW!

Aqua regia kann sogar Gold auflösen – und spielte während des Zweiten Weltkriegs eine besondere Rolle: In Kopenhagen wurden zwei Nobelpreis-Medaillen in der Säure verborgen, um sie zu schützen. Nach dem Krieg konnte das Gold wieder ausgefällt und die Medaillen rekonstruiert werden.

28. DIHYDROGENMONOXID

klingt gefährlicher als es ist

Wer vor Dihydrogenmonoxid warnt, sorgt schnell für Beunruhigung – dabei verbirgt sich dahinter nichts anderes als Wasser. Die chemisch korrekte, aber übertrieben wirkende Bezeichnung Dihydrogenmonoxid (DHMO) beschreibt schlicht zwei Wasserstoff- und ein Sauerstoffatom – H_2O in wissenschaftlicher Sprache.

Mit etwas sprachlichem Geschick wird aus Wasser ein gefährlicher Stoff: DHMO ist Hauptbestandteil von saurem Regen, fördert Bodenerosion, kommt in Tumoren vor und kann beim Einatmen tödlich sein – auch bekannt als Ertrinken.

Diesen Spaß hat man sich auf einem US-College ausgedacht und er verbreitete sich rasch über Medien und Internetforen. Manche Menschen forderten tatsächlich ein Verbot von DHMO ohne zu erkennen, dass es sich um Wasser handelte.

Chemisch gesehen ist Dihydrogenmonoxid schlicht die nüchterne Bezeichnung für das Element, das alles Leben ermöglicht. Und mal ehrlich: „Ein Glas Wasser" klingt einfach besser.

WOW!

WUSSTEST DU?

Der DHMO-Streich wird bis heute in Schulen und Universitäten genutzt, um zu zeigen, wie leicht sich Menschen mit wissenschaftlicher Sprache in die Irre führen lassen.

29. ABFLUSSREINIGER

Löst mehr als einem lieb ist

Wenn sich im Rohr ein Haarmonster festsetzt, greifen viele zum flüssigen Abflussreiniger – dem chemischen Brecheisen im Haushalt. Sein geheimer Trumpf: Natriumhydroxid, besser bekannt als Ätznatron. In Wasser verwandelt es sich in eine hochkonzentrierte Lauge, die Fett,

Seifenreste und organisches Material zersetzt – selbst Haare und Haut lösen sich gnadenlos auf. Ein einziger Tropfen auf der Haut reicht für schmerzhafte Verätzungen.

Die Chemie dahinter ist gnadenlos effizient: Natriumhydroxid spaltet Fettmoleküle zu Seife und zerlegt Proteine, wie sie in Haaren vorkommen. Der entstehende Mix wird einfach weggespült – zurück bleiben nur chemische Rückstände. Bei der Reaktion entsteht Wärme, die bei häufigem Einsatz sogar Rohre beschädigen kann.

Im Notfall sind Abflussreiniger wahre Superhelden, aber sie verlangen Respekt: Fenster auf, Handschuhe an, Abstand halten. Denn diese Helfer räumen gründlich auf – manchmal besser als du möchtest.

WOW!

WUSSTEST DU?

Natriumhydroxid kann organisches Gewebe vollständig zersetzen – ein Stoff, der eher ins Labor gehört, als ins Badezimmer.

30. HYDRAZIN

Raketenbrennstoff mit Zündlaune

Hydrazin ist eine farblose, ölige Flüssigkeit mit ammoniakähnlichem Geruch. Es ist hochreaktiv, giftig und gilt als ein risikoreiches Industriemittel. In der Raumfahrt wird Hydrazin aufgrund seiner Leistungsfähigkeit als Treibstoff und Treibstoffvorstufe eingesetzt; besonders gefährlich ist die Eigenschaft, hypergolisch mit Oxidationsmitteln wie Distickstofftetroxid (N_2O_4) zu reagieren – das heißt, die Mischung zündet ohne externen Zündfunken. Die dabei entstehenden heißen Gase liefern den Schub für Raketentriebwerke.

Im Umgang ist Hydrazin gesundheitlich bedenklich: Es reizt Haut und Atemwege, kann systemische Effekte wie Husten, Schwindel, Krämpfe oder Bewusstseinsstörungen hervorrufen und steht im Verdacht, bei langfristiger Exposition krebserregende Wirkungen zu haben. Schon geringe Mengen sind gefährlich; Hydrazindämpfe erfordern schnelle medizinische Überwachung.

Aus diesen Gründen arbeiten Raumfahrttechnik und chemische Industrie unter strengen Sicherheitsvorschriften: geschlossene Systeme, spezielle Schutzkleidung und detaillierte Notfallprotokolle sind Standard. Beim Erhitzen oder in Brandfällen besteht Explosionsgefahr, weshalb beim Umgang äußerste Vorsicht geboten ist.

WUSSTEST DU?

Hydrazin wird sowohl als Raketentreibstoff als auch als Zwischenprodukt in der chemischen Industrie verwendet.

31. DIMETHYLQUECKSILBER

Der lautlose Killer

Dimethylquecksilber ist wohl eines der gefährlichsten Moleküle, denen ein Chemiker begegnen kann. Schon winzige Tropfen reichen aus, um tödliche Vergiftungen auszulösen. Das Organogift durchdringt Latex- und Neoprenhandschuhe in Sekunden, passiert unbemerkt Haut und Blut-Hirn-Schranke und beginnt, das Gehirn nachhaltig zu schädigen. Das Tückische: Erste Symptome wie Kopfschmerzen oder Schwindel treten oft erst nach Wochen auf – wenn eine Behandlung längst zu spät ist.

Die Substanz ist farblos, flüchtig und riecht nur schwach süßlich – was sie im Labor besonders heimtückisch macht. Ein tragisches Beispiel ist der Fall der US-Chemikerin Karen Wetterhahn, die nach einem Unfall mit wenigen Tropfen der Substanz Monate später verstarb. Neurologische Schäden, Zittern, Sprachverlust und Tod sind die unausweichliche Folge. Schon ein Viertel Tropfen kann tödlich sein.

Im Körper wird Dimethylquecksilber langsam zu Methylquecksilber umgewandelt, reichert sich im Nervengewebe an und lässt sich kaum therapieren. Heute wird die Substanz nur noch unter extrem strengen Sicherheitsauflagen in Speziallaboren verwendet – ein deutliches Mahnmal für die Gefahren beim Umgang mit hochtoxischen Chemikalien.

WUSSTEST DU?

Beim Arbeiten mit Dimethylquecksilber sind spezielle Handschuhe Pflicht – normale Laborausrüstung reicht nicht. Der tragische Tod von Karen Wetterhahn führte zu strengeren Sicherheitsregeln für Chemiker.

Kapitel 7

CHEMIKER FEIERN ANDERS

Wenn Chemiker feiern, wird's richtig explosiv.
In diesem Kapitel treffen Ethanol und verschiedene Gase auf Experimentierfreude.

32. ETHANOL

das gesellschaftlich akzeptierte Lösungsmittel

Wo gefeiert wird, ist Ethanol nicht weit – ob als Bier, Wein, Schnaps oder Cocktail. Chemisch betrachtet ist es ein Zellgift, gesellschaftlich jedoch der Champagner unter den Molekülen: Es löst Hemmungen, lockert die Zunge und sorgt dafür, dass du dich am nächsten Tag an nichts mehr erinnern kannst.

Die Besonderheit: Ethanol ist sowohl wasser- als auch fettlöslich und erreicht damit jede Körperzelle. Schon kleine Mengen dämpfen das Gehirn, stören die Signalübertragung der Nervenzellen und wirken betäubend. Die Leber arbeitet im Dauereinsatz, um das Molekül zu entgiften – erst entsteht das giftige Ethanal, dann Essigsäure.

Doch Ethanol fordert seinen Preis: Es zerstört Eiweiße, stört den Fettstoffwechsel und kann bei regelmäßigem Konsum zur berühmten Fettleber führen. Die Abbauprodukte sorgen für den Kater am Morgen danach – Kopfschmerzen und Erinnerungslücken inklusive.

Paradox: Trotz seiner Giftigkeit gilt Ethanol als alltägliches Genussmittel – wohl die gesellschaftlich akzeptierteste Form der Selbstbetäubung.

WUSSTEST DU?

Ethanol ist Lösungsmittel, Desinfektionsmittel und Tinktur-Grundlage zugleich. Wer einen draufmacht, trinkt also auch ein bisschen Chemielabor.

33. LACHGAS

Die Partydroge aus dem OP

Distickstoffmonoxid (N_2O), besser bekannt als Lachgas, führt ein bemerkenswertes Doppelleben: Im Operationssaal dient es als bewährtes Schmerz- und Narkosemittel, auf Festivals und in Clubs sorgt es für kurze Euphorie und unkontrollierbares Kichern. Ein Zug aus dem Ballon wirkt nur wenige Minuten – verführerisch kurz, um es gleich noch einmal zu versuchen.

Medizinisch gilt Lachgas als vergleichsweise sanft, doch es birgt erhebliche Risiken. Kopfschmerzen, Schwindel und Taubheitsgefühle gehören zu den harmloseren Nebenwirkungen. Weitaus gefährlicher ist der Sauerstoffmangel, der zu Bewusstlosigkeit oder bleibenden Hirnschäden führen kann. Bei regelmäßigem Konsum stört N_2O zudem die Verwertung von Vitamin B_{12} – mit möglichen Schäden an Nerven und Blutbildung.

Der süßliche Geruch täuscht: Lachgas wirkt harmlos, kann aber schnell gefährlich werden. Stürze, Blackouts und Gedächtnislücken sind keine Seltenheit. Trotz seiner Legalität bleibt es eine Partydroge mit gefährlichem Risiko.

WUSSTEST DU? WOW!

Lachgas dient nicht nur zur Narkose oder als Rauschmittel, sondern auch als Treibgas in Sahnespendern.

34. HELIUM

Lustige Stimme, ernste Gefahr

Helium ist der heimliche Star jeder Party: Ein Zug aus dem Ballon, und schon klingt die Stimme wie Micky Maus. Chemisch liegt das am geringen Gewicht des Edelgases – Schall breitet sich darin fast dreimal so schnell aus wie in Luft, und die Stimme rutscht in ungeahnte Höhen.

Doch der Spaß hat eine Schattenseite: Helium verdrängt den Sauerstoff aus der Lunge. Fehlt der Sauerstoff, kommt der Schwindel schneller als das Lachen. Kopfschmerzen, Ohnmacht oder sogar Erstickungszustände sind möglich. Das Gefährliche: Wer zu lange inhaliert, merkt den Sauerstoffmangel nicht – und kann binnen Sekunden bewusstlos werden. Besonders riskant ist das direkte Einatmen aus Gasflaschen: Hier drohen dauerhafte Hirnschäden oder Schlaganfälle. Das sollte in jedem Fall tabu sein!

Das Fazit: Die Micky-Maus-Stimme ist zwar ein witziges Party-Experiment – aber (wenn überhaupt) dann nur in Mini-Dosis und immer mit frischer Luft zum Nachatmen.

WOW!

WUSSTEST DU?

Taucher nutzen Helium-Sauerstoff-Gemische, um die Druckfallkrankheit zu verhindern. Helium ist also nicht nur Partyspaß, sondern auch Lebensretter.

35. NATRIUM

Funkenregen fürs Lagerfeuer

Ein klassisches Chemie-Spektakel: Wirft man ein Stück metallisches Natrium ins Wasser, beginnt ein Feuerwerk aus Zischen, Spritzen und gelb leuchtenden Flammen. Das Metall schmilzt zu einer kleinen Kugel, flitzt über die Wasseroberfläche und setzt Wasserstoff frei – der sich sofort entzündet. Bei größeren Stücken kann die Reaktion explosionsartig verlaufen, begleitet von Funkenregen und lautem Knall.

Chemisch ist der Vorgang ein Paradebeispiel für Energie in Reinform. Natrium reagiert mit Wasser unter Bildung von Natriumhydroxid und Wasserstoff. Dabei gibt das Metall Elektronen ab – der schnelle Elektronenverlust erzeugt hohe Temperaturen und Druck, was die eindrucksvolle Reaktion erklärt.

Das Experiment fasziniert Chemiker seit Generationen, gehört aber nicht in den Hobbykeller. Schutzbrille, Abstand und Freiluft sind Pflicht – Natrium ist spektakulär, aber nicht ungefährlich.

WUSSTEST DU?

Reines Natrium wird in Paraffinöl oder Petroleum aufbewahrt, damit es nicht schon durch die Luftfeuchtigkeit reagiert.

36. ZUCKER + KALIUMCHLORAT

Die Gummibärchen-Hölle

Wenn Chemie zur Pyrotechnik wird: Treffen Gummibärchen auf geschmolzenes Kaliumchlorat, verwandelt sich das Reagenzglas in ein Spektakel. Beim Erhitzen setzt Kaliumchlorat Sauerstoff frei – fällt dann ein Stück Zucker hinein, entzündet sich die Mischung explosionsartig. Flammen, Funken und Rauch füllen das Glas, begleitet von einem donnernden Zischen.

Chemisch handelt es sich um eine klassische Redox-Reaktion: Kaliumchlorat wirkt als starkes Oxidationsmittel, während der Zucker des Gummibärchens schlagartig verbrennt. Die Reaktion ist stark exotherm und zeigt eindrucksvoll, wie viel Energie in gewöhnlichen Kohlenhydraten steckt.

Kein Wunder, dass dieses Experiment in Chemievorführungen und Onlinevideos so beliebt ist. Doch Vorsicht: Es gehört ausschließlich in erfahrene Hände – mit Schutzbrille, Laborabzug und ausreichend Abstand.

WOW!

WUSSTEST DU?

Schon im 19. Jahrhundert nutzte man sogenannte „Knallzucker"-Mischungen für Feuerwerke. Das Gummibärchen-Experiment zeigt, dass Zucker nicht nur süß, sondern auch hochexplosiv sein kann.

Kapitel 8

DIE CHEMIE ALS FILMSTAR

Von Breaking Bad über Asterix bis James Bond – Chemie hat es auch auf die große Leinwand geschafft. Tauche ein in die Welt der Moleküle hinter Zaubertränken und Supergadgets.

37. BREAKING BAD

Chemielehrer mit Nebenjob

Walter White hat Fernseh- und Chemiegeschichte zugleich geschrieben. Aus einem unscheinbaren Lehrer wird ein brillanter, aber skrupelloser Produzent von Crystal Meth – und die organische Synthese wird zur Frage von Leben, Tod und Millionen-Deals.

Chemisch ist das Ganze durchaus faszinierend: Walter entwickelt alternative Methoden, beschafft Methylamin auf abenteuerliche Weise und stößt dabei immer wieder an die Grenzen des Machbaren. Sein legendäres „Blue Meth" steht sinnbildlich für den schmalen Grat zwischen Wissenschaft und Wahnsinn.

Auch die Nebenschauplätze sind chemisch inspiriert: Phosphingas als improvisierte Waffe, Quecksilber(II)fulminat als Sprengstoff und jede Menge Laborchaos unter Hochspannung. Explosionen, Reaktionen und moralische Verwerfungen – selten war Chemie so spannend inszeniert.

WOW! WUSSTEST DU?

Die Chemie-Szenen der Serie wurden von echten Fachleuten überprüft und mitgestaltet – manche Reaktionen jedoch wurden für den Bildschirm bewusst spektakulärer inszeniert.

38. DER ZAUBERTRANK VON ASTERIX

Ziemlich sicher Doping

Was genau in Miraculix' legendärem Gebräu steckt, bleibt sein größtes Geheimnis. Sicher ist nur: Jeder Dopingtest würde Alarm schlagen. Der Trank verleiht übermenschliche Kräfte, lässt römische Legionen erzittern – und macht Obelix zum Dauer-Superhelden.

Chemisch ist das Rezept ein Rätsel. Bekannt sind lediglich Zutaten wie Mistel, Hummer und gelegentlich Erdbeeren – vielleicht als gallisches Bio-Upgrade. In den Filmen wird sogar das sagenumwobene Steinöl durch Roterübensaft ersetzt.

Die Wirkung erinnert an eine Mischung aus Steroiden, Hochdosis-

Koffein und einem kräftigen Placeboeffekt. Nach einem Schluck zerspringen Steintüren, Römer fliegen durch die Luft – und jeder Gallier wäre wohl sofort für Olympia gesperrt.

Einziger Nachteil: Übertreibt man es, droht Bewegungsstarre – wie bei Obelix, der als Kind in den Kessel fiel und seither dauerhaft „unter Strom" steht.

WOW!

WUSSTEST DU?

Archäologische Funde zeigen, dass keltische Krieger tatsächlich erhitzten Honigwein tranken – mit Mistelzusatz und Kräutern. Möglicherweise war der echte „Zaubertrank" einfach vergorener Met.

39. SPINNENBISSE À LA MARVEL

leider ohne Superkräfte

In den Marvel-Comics genügt ein einziger Biss einer radioaktiven Spinne, und Peter Parker wird zu Spider-Man – mit der Fähigkeit, Wände zu erklimmen, Netze zu schießen und übermenschlicher Stärke. In der Realität verläuft ein Spinnenbiss deutlich unspektakulärer: Er führt meist zu einer schmerzhaften Schwellung, gelegentlich zu Hautentzündungen oder – bei giftigen Arten – zu ernsthaften Gewebeschäden.

Besonders gefürchtet ist die Braune Einsiedlerspinne. Ihr Gift kann Hautnekrosen verursachen, die nur langsam abheilen. Auch Bisse der Schwarzen Witwe sind unangenehm: Sie rufen starke Muskelschmerzen, Krämpfe und Schweißausbrüche hervor und machen in schweren Fällen eine Behandlung im Krankenhaus notwendig.

Die Lektion: Weder radioaktive noch genetisch veränderte Spinnen verleihen Superkräfte. Marvel bleibt Fiktion – und Spinnenbisse sind in der Realität oft schlicht schmerzhaft.

WOW!

WUSSTEST DU?

Ein Spinnenbiss kann Fieber, Krämpfe und Übelkeit auslösen – meist bleibt es aber bei lokalen Symptomen.

40. JAMES BOND

und der Wodka Martini

„Geschüttelt – nicht gerührt." Bonds legendäre Bestellung ist mehr als eine Eigenheit. Beim Schütteln passiert tatsächlich etwas im Glas: Der Drink wird schneller eiskalt, winzige Luftbläschen trüben ihn leicht und nehmen ihm die ölige Textur, die beim klassischen Rühren bleibt.

Das kräftige Schütteln zerkleinert das Eis, wodurch der Martini etwas stärker verdünnt wird – für Puristen ein Frevel, für Bond ideal: eiskalt, leicht entschärft und sofort trinkfertig. Zudem werden beim Schütteln mehr Aromen freigesetzt, was den ersten Schluck intensiver macht.

Auch die Luft im Shaker trägt ihren Teil bei: Durch den eingebrachten Sauerstoff oxidieren einzelne Inhaltsstoffe minimal – das verleiht dem Drink eine frische, fast spritzige Note.

Das Ergebnis: ein kühler, aromatischer Martini, der optisch und geschmacklich auffällt.

WUSSTEST DU?

Geschüttelte Martinis schmecken tatsächlich besser als gerührte, unter anderem, weil sie weniger Wasserstoffperoxid enthalten.

41. MATRIX-PILLEN

Die rote wirkt wie LSD

Eine der ikonischsten Szenen der Filmgeschichte: Morpheus bietet Neo zwei Pillen an – die blaue lässt ihn in der vertrauten Matrix weiterschlafen, die rote zeigt ihm die „echte" Welt.

Chemisch betrachtet steht die blaue Pille für Beruhigung und Kontrolle, die rote dagegen für Aufbruch und Bewusstseinserweiterung. Ihr Effekt erinnert an Halluzinogene wie LSD: Wahrnehmung, Realität und Identität geraten in Bewegung, das Gehirn verknüpft Reize neu – Grenzen zwischen Innen- und Außenwelt verschwimmen.

LSD und verwandte Substanzen sind bekannt für ihre Fähigkeit, Sinneseindrücke zu verändern, Denkmuster zu lösen und neue Perspektiven zu eröffnen. Genau das geschieht bei Neo: Die vertraute

Illusion zerbricht, die „wirkliche" Welt tritt hervor – und der Geist ordnet sich neu.

Filmwissenschaftlich steht die rote Pille für Erkenntnis, Perspektivwechsel und Wahrheitssuche – und für die Kraft, Bewusstsein radikal zu verändern.

WUSSTEST DU?

LSD verändert die neuronale „Vernetzungskarte" des Gehirns – bei Neo wird daraus eine filmische Neuverkabelung der Realität.

Kapitel 9

IRRWEGE DER WISSENSCHAFT

Nicht jeder Geistesblitz war ein Volltreffer.
Die größten chemischen Irrtümer und Fehltritte – von Bleizucker bis zu leuchtender Zahnpasta.

42. PHLOGISTON

Ein Element, das nie existierte

Im 17. und 18. Jahrhundert waren Chemiker überzeugt, dass Feuer und Verbrennung durch eine geheimnisvolle Substanz namens „Phlogiston" verursacht werden. Der Arzt Georg Ernst Stahl führte die Theorie um 1700 ein: Alle brennbaren Stoffe, so seine Überzeugung, enthalten Phlogiston. Beim Verbrennen entweicht es – und übrig bleibt die Asche. Je mehr Phlogiston ein Material besitzt, desto besser brennt es. Kohle und Schwefel waren daher „Phlogiston-Bomben", Metalle hingegen phlogistonfrei und unbrennbar.

Die Theorie passte damals gut zu Beobachtungen: Materialien verloren beim Verbrennen Masse, mussten also wohl einen Stoff abgeben. Doch es gab einen Fehler in der Theorie: Manche Metalle wie Zinn und Kupfer wurden beim Erhitzen schwerer statt leichter. Mit der Entdeckung des Sauerstoffs durch Antoine Lavoisier platzte die Phlogiston-Theorie um 1775 endgültig – fortan wurde Feuer als Reaktion mit Sauerstoff erklärt und das Phlogiston als „größter Irrtum der Chemie" abgehakt.

WUSSTEST DU? WOW!

„Phlogiston" stammt vom griechischen Wort für „verbrannt". Generationen von Chemikern glaubten an das nicht existierende Element – bis sich die Theorie als falsch erwies.

43. BLEIZUCKER GEGEN SCHMERZEN

toxisch gut gemeint

Im Mittelalter galt Bleizucker – das süß schmeckende Blei(II)-acetat – als Allround-Heilmittel und beliebter Zusatz für Wein und Medizin. Die kristalline Substanz überzeugte durch angenehmen Geschmack und konservierende Wirkung. Man nutzte sie gegen Schmerzen, zur „Schönung" von Getränken und sogar für Volksmedizin-Tinkturen. Doch der gut gemeinte Zaubertrank war ein chemischer Albtraum: Blei schleicht sich ins zentrale Nervensystem, lagert sich in Nieren und Knochen ein und zerstört das Gehirn über Jahre.

Die Symptome der Bleivergiftung? Müdigkeit, Kopfschmerzen, Durchfall, Verstopfung, Muskelzittern und schließlich Gedächtnisschwäche. Kinder litten unter Entwicklungsstörungen, Erwachsene bekamen oft „Bleigicht". Manche Forscher halten die Bleivergiftungen durch Bleizucker sogar für eine Ursache des Niedergangs der Römer – ihr Wein war oft gefährlich gepanscht.

Der Irrglaube hielt lange: Erst im 19. Jahrhundert erkannte man, wie toxisch Bleizucker ist, und verbannte ihn aus der Medizin und vom Esstisch.

WOW!

WUSSTEST DU?

Papst Clemens II. starb 1047 nachweislich an Bleizucker, Beethoven litt an chronischer Bleivergiftung – vermutlich durch gepanschten Wein.

44. RADIOAKTIVE ZAHNPASTA

Strahlen für weiße Zähne

In den 1920er- bis 1940er-Jahren war „strahlend schön" wörtlich gemeint: Zahnpasten wie „Doramad" versprachen weiße Zähne, gesundes Zahnfleisch und sogar mehr Lebensenergie – dank echter Radioaktivität. Die Berliner Auergesellschaft warb damit, „unendlich kleine Strahlenteilchen" würden die Zellen massieren, Bakterien abtöten und Zahnstein verhindern. „Arztgeprüft" prangte stolz auf jeder Tube.

Die Realität: Radioaktive Stoffe wie Thorium und winzige Mengen Radium sind geschmacklos, unsichtbar – und auf Dauer zellzerstörend. Die Strahlung tötet nicht nur Bakterien, sondern greift auch

Zahnfleisch, Knochen und Blutbildung an.

Thorium- und Radiumverbindungen senden Alphastrahlen aus – harmlos, solange sie außerhalb des Körpers bleiben, aber gefährlich, wenn sie verschluckt werden.

Der Radium-Hype endete erst, als sich dramatische Krankheitsfälle häuften. Aus der Beauty-Sensation wurde ein strahlendes Mahnmal der Wissenschaftsgeschichte.

WUSSTEST DU?

Bei der Einführung von „Doramad" erhielten Kunden Gratisproben – eine clevere Werbeidee mit Nebenwirkung: kostenlose Strahlendosis inklusive.

45. DDT

Insektentod mit Langzeitfolgen

Kaum ein Molekül spaltet die Meinungen so sehr wie DDT. 1939 entdeckt, galt das Insektizid als Segen: Es tötete Läuse, Milben und Stechmücken, rettete im Zweiten Weltkrieg Tausende Soldaten vor Malaria und Typhus. In den 1940er- und 50er-Jahren wurde DDT fast überall versprüht – in Kinderzimmern, auf Feldern und sogar auf Teppichen. 1948 erhielt Paul Hermann Müller dafür sogar den Nobelpreis.

Doch die Erfolgsgeschichte hatte ihren Preis: DDT ist extrem langlebig, reichert sich in Nahrungsketten an und lagert sich in Fettgewebe und Organen ab. Besonders Vögel litten – ihre Eierschalen wurden so dünn, dass ganze Gelege zerbrachen und Populationen zusammenbrachen. Beim Menschen geriet DDT in Verdacht, Hormonstörungen, Krebs und Entwicklungsstörungen zu verursachen.

DDT ist ein halogenierter Kohlenwasserstoff – extrem stabil, fettlöslich und nur sehr langsam biologisch abbaubar.

Rachel Carsons Buch „Der stumme Frühling" machte den ökologischen Schaden weltbekannt. Aus dem gefeierten Wundermittel wurde ein global geächtetes „Teufelszeug". Seit den 1970ern ist DDT in den meisten Industrieländern verboten – wird jedoch in einigen Regionen Afrikas bis heute zur Malariabekämpfung eingesetzt.

WUSSTEST DU?

DDT ist auch nach 50 Jahren Verbot noch in Fluss-Sedimenten nachweisbar – ein Molekül mit Langzeitschädigung ganzer Ökosysteme.

46. MILCH GEGEN SÄURE

Ein gefährlicher Mythos

Hartnäckig hält sich der Glaube, Milch sei ein wirksames Mittel gegen Säureverätzungen. Tatsächlich kann Milch im Notfall sogar schaden: Der Fettanteil kann Giftstoffe binden und so ihre Aufnahme im Darm begünstigen, während die Säure weiter Gewebe zerstört. Eine Neutralisation findet nicht statt.

Was wirklich hilft:
Bei Verschlucken von Säuren sollte keinesfalls selbst experimentiert werden. Kein Erbrechen auslösen, keine Hausmittel wie Milch, Mehl oder Brot verabreichen. Die einzig sinnvolle Sofortmaßnahme: Mund mit Wasser ausspülen – und sofort ärztliche Hilfe suchen.

Säuren reagieren heftig mit Gewebe – nur eine fachgerechte Behandlung kann den ätzenden Prozess stoppen.

Fazit: Milch gehört ins Glas, nicht in die Notfallapotheke. Bei Verätzungen zählt jede Minute – und professionelle Hilfe ist der einzig sichere Weg.

WUSSTEST DU?

Der Rat, bei Säureunfällen Milch zu trinken, stammt aus einer Zeit, als man ihre chemische Wirkung überschätzte. Tatsächlich kann sie die Giftaufnahme verstärken.

WAS MAN IM LABOR BESSER SEIN LÄSST

Nicht alles, was theoretisch möglich ist,
sollte man auch ausprobieren. Eine augenzwinkernde Warnung
vor den dümmsten Ideen.

47. MIT NATRIUM BADEN GEHEN

Chemie mit Knalleffekt

Ein Bad mit metallischem Natrium? Keine gute Idee! Kommt Natrium mit Wasser in Kontakt, wird es spektakulär – und garantiert lebensgefährlich. Schon kleinste Mengen lösen eine heftige Knallgasreaktion aus: Natrium gibt Elektronen ab, bildet sofort ätzende Natronlauge und setzt Wasserstoff frei. Der entzündet sich durch die Reaktionswärme – es zischt, spritzt und explodiert.

$$2\,Na + 2\,H_2O \rightarrow 2\,NaOH + H_2\uparrow$$

Das Ganze ist ein Publikumsliebling im Chemieunterricht – aber ein Albtraum für die Haut. Wer ernsthaft in so einer „Lösung" baden würde, bekäme schwere Verätzungen und vermutlich einen Schock, bevor die Explosion den Rest erledigt.

Fazit: Wellness sieht anders aus. Ein Bad mit Schaumbad ist deutlich gesünder – und ungefährlicher.

WUSSTEST DU?

Bereits winzige Mengen Natrium reagieren mit Wasser explosionsartig. Das spektakuläre Experiment gehört ins Labor – nicht ins Badezimmer.

48. KNALLGAS IM LUFTBALLON

Wenn Feuer die Party sprengt

Ein Wasserstoffballon sieht einem Heliumballon zum Verwechseln ähnlich – verhält sich aber ganz anders. Kommt er mit einer Flamme in Berührung, wird aus Partydeko ein Mini-Feuerwerk: Der Ballon platzt, Wasserstoff reagiert explosionsartig mit dem Sauerstoff der Luft, und es entsteht ein lauter Knall samt hellem Feuerball. $2\,H_2 + O_2 \rightarrow 2\,H_2O$ – eine der energiereichsten Reaktionen überhaupt. Im richtigen Mischungsverhältnis entsteht das klassische Knallgas-Gemisch, das mit Lichtblitz und Hitzewelle detoniert.

Was im Chemieunterricht und auf YouTube spektakulär aussieht, ist in der Praxis brandgefährlich. Der Explosionsbereich ist groß, Schutzbrille und Sicherheitsabstand sind Pflicht.

Heliumballons sind dagegen echte Friedensstifter: Helium ist unbrennbar, reagiert mit nichts – und bleibt deshalb die bessere Wahl für Deko und Kindergeburtstage.

WOW!

WUSSTEST DU?

Wasserstoff ist leichter als Helium und lässt Ballons besser steigen – aber Vorsicht: Knallgas macht jede Party explosiv.

49. SCHWEFELSÄURE IN DER KAFFEEMASCHINE

Wenn der Entkalker den Morgen versaut

Wer morgens auf Koffein hofft und versehentlich Schwefelsäure in die Kaffeemaschine kippt, erlebt den schlimmsten Start in den Tag. Schwefelsäure ist eine der stärksten Säuren überhaupt: Sie zerstört organisches Gewebe sofort und greift selbst hitzebeständige Materialien an.

In die Maschine gehören nur harmlose Entkalker wie Zitronensäure oder Amidosulfonsäure – niemals Schwefelsäure. Deren extreme Reaktivität würde nicht nur das Gerät ruinieren, sondern auch den Kaffeegenießer ernsthaft gefährden.

Ein Schluck davon kann schwere Verätzungen von Mund, Speiseröhre und Magen verursachen – mit Symptomen wie starkem Brennen, Übelkeit und lebensbedrohlichen inneren Verletzungen.

WUSSTEST DU? WOW!

Früher putzte man sogar mit Schwefelsäure – bis man merkte, dass sie mehr zerstört als reinigt. Kaffeemaschinen vertragen Zitronensäure deutlich besser.

50. PILZE AUF AGARPLATTEN

aber bitte nicht neben dem Käse

Eine eigene Pilzkultur auf Agarplatten zu züchten, ist faszinierend einfach – wenn man es richtig macht. Agar-Agar und Malzextrakt ergeben perfekte Nährböden für Myzel und Sporen, vorausgesetzt, alles bleibt sauber und steril.

Im Labor arbeitet man an sterilen Werkbänken, verschließt die Platten mit Parafilm und lagert sie bei kontrollierter Temperatur. Im normalen Kühlschrank neben Butter und Käse droht dagegen Chaos: Fremdsporen und Bakterien stürzen sich auf den Nährboden und verwandeln die Petrischalen in einen bunten Mikrokosmos voller ungebetener Gäste.

Profis nutzen Inkubatoren oder spezielle Laborkühlschränke, um die Kulturen bei optimalen Bedingungen wachsen zu lassen. Für kurze Zeit kann man die Platten auch im Kühlschrank lagern – aber bitte nicht zwischen dem Familienabendessen und der Käseplatte.

WOW!

WUSSTEST DU?

Mit etwas Labor-Know-how lassen sich auf Agarplatten sogar Speisepilze wie Shiitake züchten.

51. PHENOL OHNE HANDSCHUHE

Gift für Haut und Nerven

Phenol ist ein Klassiker aus dem Chemielabor – und ein Stoff mit Geschichte. Früher wurde es in der Medizin als Desinfektionsmittel eingesetzt, später in der Kunststoff-, Pharma- und Farbstoffindustrie unverzichtbar. Heute steckt es indirekt in Alltagsprodukten wie Aspirin, Epoxidharzen, Nylon oder Desinfektionsmitteln. Klingt harmlos – ist es aber nicht.

Die klare Flüssigkeit riecht leicht süßlich, fast nach Desinfektionsmittel, und wird von der Haut in Sekunden aufgenommen. Schon winzige Mengen genügen, um lokale Verätzungen, Taubheitsgefühle oder Nekrosen zu verursachen – oft noch bevor man überhaupt Schmerzen spürt. Im Körper wirkt Phenol als Zell- und Nervengift:

Wer also denkt, ein kurzer Griff ohne Handschuhe sei kein Problem, irrt gewaltig. Phenol durchdringt viele Materialien und gelangt direkt ins Blut. Die Substanz wird von der Haut blitzschnell aufgenommen und wirkt als Neurotoxin und Zellgift. Bereits kleine Mengen können zu lokalen Verätzungen, Taubheit, Rötungen, Kontaktallergien und sogar Nekrosen führen – oft noch bevor Schmerzen auftreten. Systemisch kann es Krämpfe, Muskelschwäche und Bewusstlosigkeit auslösen; Herz-Kreislauf- und Nierenversagen sowie irreversible Nervenschäden sind dokumentiert.

WOW!

WUSSTEST DU?

Ohne Phenol gäbe es kein Aspirin. Der Wirkstoff Acetylsalicylsäure entsteht über mehrere Zwischenschritte aus Phenol – genauer gesagt über die Salicylsäure, die aus Phenol hergestellt wird.

Kapitel 11

WUNDERFORMELN & WERBELÜGEN

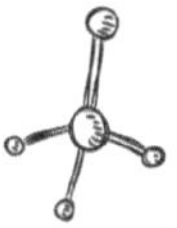

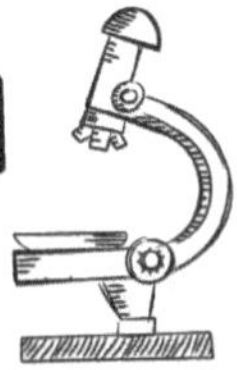

Von „ohne Chemie" bis „wissenschaftlich getestet" – Marketing-Märchen mit wenig Wahrheitsgehalt.

52. OHNE CHEMIE!

Der Klassiker aus der Werbewelt

Der Slogan „ohne Chemie" taucht auf Shampoos, Reinigern und Joghurts auf – als ob Chemie das Böse schlechthin wäre. Dabei vergisst die Werbung: Alles im Alltag besteht aus Chemie, sogar die Luft. Unser Wasser ist H_2O, Brot enthält $C_6H_{12}O_6$ und die Atmosphäre ist ein Gemisch aus Stickstoff, Sauerstoff und weiteren Gasen. Das bisschen „ohne Chemie" existiert nur im Marketing – nicht in der Realität.

Hinter dem Begriff steckt oft „ohne künstliche Zusätze" oder „frei von Chemikalien, die als schädlich gelten" – und das ist irreführend. Auch Naturprodukte sind Chemie, und viele angepriesene „natürliche" Wirkstoffe können genauso Nebenwirkungen haben. Chemie ist überall: in Lebensmitteln, Kosmetik, Wasser und jeder Blume – es kommt nur auf die jeweilige Verbindung an und die Konzentration.

WOW!

WUSSTEST DU?

Ein Apfel besteht aus Tausenden chemischen Verbindungen – fast alle natürlich und gesund. „Ohne Chemie" bleibt daher ein Mythos oder cleverer Werbegag.

53. MIT HYALURON!

Zuckerpolymer und Marketing-Gold

Hyaluron klingt nach Hightech, Jugend und Luxus – tatsächlich steckt dahinter reine Chemie aus der Natur. Der Stoff ist ein riesiges Polymer aus Zuckermolekülen, zusammengesetzt aus D-Glucuronsäure und N-Acetyl-D-Glucosamin. Diese Bausteine bilden Ketten aus bis zu 50.000 Disacchariden – und genau diese Struktur macht Hyaluron zum Feuchtigkeitsmagneten schlechthin: Ein Gramm kann bis zu sechs Liter Wasser binden.

Kein Wunder also, dass die Substanz als Wundermittel gegen Falten gilt. Im Körper erfüllt Hyaluron wichtige Aufgaben – es steckt in Haut, Gelenken, Augen und Bindegewebe und sorgt dort für Elastizität und Gleitfähigkeit.

Die Kosmetikindustrie hat daraus ein Marketingjuwel gemacht. Doch Cremen mit Hyaluron klingen besser, als sie wirken. Langkettiges Hyaluron bleibt auf der Hautoberfläche und hält dort Feuchtigkeit, kurzkettiges wird schneller aufgenommen, aber ebenso schnell wieder abgebaut. Und oral eingenommen? Meist schon abgebaut, bevor es überhaupt wirken könnte.

WUSSTEST DU? WOW!

Hyaluron ist chemisch gesehen nichts anderes als ein Zuckerpolymer, das Wasser speichert – im Prinzip ist nur ein Zucker-Schwämmchen.

54. PH-HAUTNEUTRAL

Nur ein Verkaufsargument?

„pH-hautneutral" klingt nach Wissenschaft und Medizin-Kompetenz – und steht deshalb auf unzähligen Duschgelen, Cremes und Seifen. Doch der Begriff ist nicht gesetzlich definiert. Gemeint ist, dass ein Produkt den natürlichen pH-Wert der Haut respektiert und die Schutzbarriere bewahrt.

Die gesunde Haut ist leicht sauer – ihr pH-Wert liegt meist zwischen 4,5 und 5,5. Viele Hersteller stellen ihre Rezepturen deshalb auf diesen Bereich ein. Nur: Was „hautneutral" tatsächlich bedeutet, bleibt offen. Der pH-Wert der Haut variiert je nach Körperstelle, Alter, Klima und Pflegegewohnheiten – und ist alles andere als konstant.

Trotzdem funktioniert der Begriff hervorragend als Werbeversprechen. Entscheidend für die Hautverträglichkeit sind jedoch eher die verwendeten Tenside, Duft- und Pflegestoffe als der pH-Wert allein.

WOW!

WUSSTEST DU?

Die Haut selbst stellt ihren Säureschutzmantel nach jeder Reinigung ganz von allein wieder her – ganz ohne Kosmetikhilfe.

55. NATÜRLICHES FORMALDEHYD

Vom Obst zum Lack

Formaldehyd hat einen zweifelhaften Ruf: stechender Geruch, reizend, krebserregend. Doch das „Chemikalienmonster" steckt auch in harmlosen Lebensmitteln – Birnen, Äpfeln, Trauben, Shiitakepilzen und sogar Kaffee. Dort kommt es ganz natürlich in winzigen Mengen vor. Eine große Birne kann bis zu 30 mg Formaldehyd enthalten – völlig unbedenklich.

Der Grund: In pflanzlichen Zellen entsteht Formaldehyd als Stoffwechselzwischenprodukt oder beim Abbau von Terpenen und durch mikrobielle Aktivität. Die Dosis ist entscheidend – und im Obst so gering, dass der Körper sie problemlos verarbeitet. Besonders hohe natürliche Gehalte finden sich in Shiitakepilzen und Seefischen, doch selbst diese Werte liegen weit unter jeder kritischen Grenze.

In industriellen Produkten sieht das anders aus: Formaldehyd steckt in Klebern, Spanplatten, Lacken, Desinfektionsmitteln und Textilien – dort kann es in höherer Konzentration ausdünsten. Da wirkt es als Zellgift, Allergieauslöser und potenziell krebserregende Substanz. Im Obstkorb dagegen bleibt es ein völlig normales, flüchtiges Molekül.

WOW!

WUSSTEST DU?

Formaldehyd entsteht auch im menschlichen Körper – als Nebenprodukt des Stoffwechsels. Wir produzieren und bauen es täglich wieder ab, ohne es zu merken.

56. DETOX MIT SELLERIE

Der Gemüsesaft als Wunderheiler?

Sellerie ist tatsächlich ein kleines Nährstoffkraftwerk: Er enthält Vitamin K, Vitamin C, Kalium, Magnesium und zahlreiche Antioxidantien wie Apigenin und Luteolin, die entzündungshemmend wirken und die Zellen vor oxidativem Stress schützen. Auch die enthaltenen Ballaststoffe und sekundären Pflanzenstoffe unterstützen die Verdauung und können das Immunsystem positiv beeinflussen.

In frisch gepresstem Selleriesaft bleibt viel von dieser „grünen

Kraft" erhalten – und das tägliche Glas kann durchaus wohltuend sein. Es liefert Flüssigkeit, Elektrolyte und bioaktive Pflanzenstoffe, die den Stoffwechsel sanft anregen. Schaden kann es keinesfalls – im Gegenteil: Regelmäßiger Konsum kann helfen, Entzündungen zu reduzieren, den Wasserhaushalt zu regulieren und die Verdauung zu fördern.

Doch der Hype um „Detox" ist mehr eine Wunschvorstellung. Selleriesaft kann die körperinternen Reinigungsvorgänge von Leber und Nieren nicht ersetzen.

Wissenschaftliche Studien finden nur geringe Hinweise auf einen positiven Einfluss von Sellerie auf die Leberfunktion oder den Medikamentenabbau; alle anderen „magischen" Effekte stammen aus Einzelstudien mit Tieren oder aus der Community der Saft-Fans. In Laboren taugt Sellerie maximal zum Energie-Kick und Snack – als Reiniger ist der Stangensellerie chancenlos.

WOW!

WUSSTEST DU?

Selleriesaft kann die Verdauung anregen, die Zellen mit Antioxidantien versorgen und sanft entwässern – ein gesundes Ritual also, auch wenn die eigentliche „Detox-Arbeit" von Leber und Nieren ausgeführt wird.

Kapitel 12

FARBEN, DIE LÜGEN

Nicht jede Farbe hält, was sie verspricht.
In diesem Kapitel zeigen wir dir farbenfrohe Täuschungen – von der Cocktailbar bis zur Südsee.

57. GRÜN = GESUND?

Wenn Farben lügen

Grün auf dem Teller steht für Frische und Vitalität. Schon der Anblick von Spinat, Brokkoli oder knackigem Salat weckt das Gefühl: Das muss gesund sein! Doch die Farbe allein hat in der Chemie – und in der Ernährung – nur bedingt Aussagekraft.

Das kräftige Grün vieler Pflanzen stammt vom Chlorophyll, dem Farbstoff der Photosynthese. Es lässt Blätter leuchten, verrät aber nichts über ihren tatsächlichen Nährstoffgehalt. Ein dunkelgrünes Blattgemüse enthält oft wertvolle Bitterstoffe, Folsäure und Eisen, während andere grüne Kandidaten wie Eisbergsalat vor allem durch viel Wasser und wenig Vitamine glänzen.

Die Farbe kann sogar täuschen: Solange Chlorophyll erhalten bleibt, wirkt auch verdorbenes oder nährstoffarmes Gemüse noch frisch. Erst wenn das Blatt altert, bricht das Chlorophyll zusammen – und das verborgene Gelb oder Braun der Carotinoide tritt hervor.

Auch die Lebensmittelindustrie hat das Prinzip verstanden: Grün verkauft sich gut. Verpackungen, Drinks oder Snacks mit „Naturfarben" nutzen gezielt die Assoziation „grün = gesund", oft ohne dass tatsächlich viel Gesundes darin steckt.

WUSSTEST DU?

Chlorophyll ist licht- und hitzeempfindlich, deshalb verliert Gemüse beim Kochen seine satte Farbe. Damit die Vitamine erhalten bleiben, isst man möglichst frisch.

58. BLAUES WASSER = SAUBER?

Die optische Pool-Täuschung

Blaues Wasser im Pool wirkt wie ein Versprechen von Urlaub, Frische und Hygiene. Die typische Blaufärbung entsteht, weil die Beckenwände und der Boden weiß oder blau gestrichen sind und das Sonnenlicht überwiegend blaue Lichtanteile streut und reflektiert, während die roten Wellenlängen absorbiert werden.

Chlor und pH-Regulierung sorgen zwar für keimfreies Wasser, doch die Farbe allein sagt nichts über dessen Qualität aus. Selbst kristallklares, blau schimmerndes Wasser kann mikrobiologisch belastet sein oder chemisch aus dem Gleichgewicht geraten. Algen und

Bakterien sind oft farblos – erst bei stärkerem Befall färbt sich das Wasser grünlich oder trüb.

Das berühmte „Poolblau" ist also vor allem eine optische Täuschung. Manche Poolbesitzer verstärken sie sogar mit speziellen Farben oder LED-Beleuchtung, um den makellosen Eindruck zu erzeugen – die perfekte Illusion von Reinheit.

WUSSTEST DU? WOW!

Auch Seen, Lagunen und Meere erscheinen blau, weil klares Wasser rotes Licht verschluckt und blaues Licht zurückstreut. Die Farbe sagt jedoch nichts über Sauberkeit aus.

59. FARBLOS HEISST HARMLOS?

Vorsicht bei unsichtbaren Giften

Nicht alles, was harmlos aussieht, ist es auch. Viele der gefährlichsten Substanzen der Chemie sind farb- und geruchlos – und damit tückisch unsichtbar. Sie wirken, ohne dass der Mensch sie wahrnimmt.

Cyanid zum Beispiel – ob als Blausäure oder Zyankali – ist eine klare Flüssigkeit oder ein farbloses Gas. Schon winzige Mengen reichen, um die Zellatmung zu blockieren und den Körper binnen Minuten zu ersticken. Nur selten verrät ein schwacher Bittermandelgeruch die Gefahr.

Auch Dimethylsulfoxid (DMSO) erscheint als harmlose, farblose Flüssigkeit und dient in Laboren als Lösungsmittel. Doch bei unsachgemäßem Gebrauch kann es über die Haut aufgenommen werden und zu Übelkeit, Nervenschäden oder Organschäden führen – schwere Vergiftungen sind dokumentiert. Ähnlich heimtückisch ist Dioxin, ein Nebenprodukt von Verbrennungsprozessen: farblos, langlebig und hochgiftig für Immunsystem und Leber.

Die Farbe sagt also nichts über die Gefahr aus. Viele Moleküle absorbieren Licht außerhalb des sichtbaren Bereichs – sie bleiben durchsichtig, aber keineswegs harmlos.

WOW!

WUSSTEST DU?

Auch Nikotin und Kohlenmonoxid sind farb- und geruchlos. Farblosigkeit sagt nichts über die Gefährlichkeit aus.

60. BUNTE LIMONADEN

Neonfarben selbst gemacht

Die leuchtenden Farben von Limonaden und Softdrinks stammen oft aus dem Chemiebaukasten: Künstliche Farbstoffe wie Tartrazin (E 102), Allurarot (E 129), Chinolingelb (E 104) oder Azorubin (E 122) sorgen für kräftige Neonfarben, die mit echtem Fruchtsaft nichts zu tun haben. Besonders bei Getränken, die nie eine Orange oder einen Apfel gesehen haben, wird gern nachgeholfen. Die Farbtöne wirken ansprechend und suggerieren Geschmack und Frische – sind aber oft reine Illusion und Marketingtrick.

Künstliche Farbstoffe sind farbintensiv, hitze- und lichtstabil sowie günstig herzustellen. Gerade bei Kinderlimonaden und Energy-Drinks sind bunte Farben Pflicht – die meisten enthalten synthetische Zutaten, die auf dem Etikett mit E-Nummern angegeben werden müssen. Manche Farbstoffe stehen im Verdacht, bei Kindern Hyperaktivität oder Pseudoallergien auszulösen, weshalb Produkte mit bestimmten Azofarbstoffen einen Warnhinweis aufweisen müssen. Laserblau, Knallgrün oder leuchtendes Pink im Glas verdanken ihre Farbe eher der Chemie als dem Obstgarten.

WOW!

WUSSTEST DU?

Natürliche Lebensmittelfarben aus Obst, Gemüse oder Algen leuchten weniger grell als synthetische. Wer es bunt und natürlich will, mixt die Limo einfach selbst.

61. INDIKATORFARBEN

pH-Check mit Tücken

Indikatorfarben sind in der Chemie die schnellen Spione: Sie zeigen per Farbwechsel, wie sauer oder basisch eine Lösung ist. Je nach pH-Wert schlägt der Indikator um – von rot nach blau, gelb nach grün, farblos nach pink. Beispiele wie Phenolphthalein, Bromthymolblau oder Methylorange veranschaulichen diese chemischen Reaktionen. Der Farbumschlag erfolgt dabei nach klaren Regeln: Strukturänderungen im Molekül führen zu neuer Lichtabsorption und damit zur sichtbaren Farbänderung.

Doch Vorsicht beim Mischen mehrerer Indikatoren! Die Farbergebnisse werden oft unklar, verblassen oder vermischen sich zu neuen Tönen, die keinen eindeutigen Wert anzeigen. Universalindikatoren und Mischindikatoren werden gezielt zusammengesetzt, um einen kontinuierlichen Farbübergang über mehrere pH-Bereiche zu schaffen, brauchen aber eine Vergleichsskala und können trotzdem diffus wirken.

WOW!

WUSSTEST DU?

Auch Rotkohlsaft funktioniert als natürlicher pH-Indikator – er färbt sich je nach Säuregehalt von Rot über Violett bis Gelbgrün. Ein ganz natürlich Indikator – direkt aus der Küche.

Kapitel 13

DIE CHEMIE IN DEINEM KÖRPER

Auch ohne Labor laufen im Körper unzählige Reaktionen ab – vom Herzschlag bis zur Atmung, unzählige Reaktionen halten das System im Gleichgewicht.

62. DOPAMIN

Das Glücksmolekül

Dopamin ist das wohl berühmteste „Glücksmolekül" im Körper: Als Neurotransmitter sorgt es für Vorfreude, Motivation und Belohnungsgefühle und treibt uns zu Taten an. Es wird in den Belohnungszentren des Gehirns ausgeschüttet – zum Beispiel, wenn wir eine Aufgabe meistern, uns bewegen, essen oder etwas Schönes erwarten. Schon eine Umarmung, Sport oder das Erreichen eines Ziels lassen den Dopaminspiegel steigen und machen zufrieden – das System motiviert uns, positive Aktionen zu wiederholen.

Im digitalen Alltag halten Likes, Kommentare und neue Benachrichtigungen das Belohnungssystem permanent im „On-Modus". Social Media Plattformen nutzen gezielt Algorithmen, um Dopaminschübe auszulösen: Jedes Like, jede neue Nachricht wird zur Belohnung und verstärkt das Verlangen nach der nächsten Interaktion. So entsteht ein Kreislauf aus Erwartung und Glücksmomenten – mit Suchtpotenzial, wenn die Mechanismen überreizt werden.

Chemisch wird Dopamin aus den Aminosäuren Tyrosin oder Phenylalanin gebildet und ist auch Ausgangsstoff für Adrenalin und Noradrenalin. Ein ausgeglichener Dopaminspiegel fördert Motivation, Lernfähigkeit und Antriebskraft, während ein Mangel Müdigkeit und Gereiztheit auslösen kann.

WOW!

WUSSTEST DU?

Dopamin macht nicht nur glücklich, sondern steuert auch Motorik, Entscheidungsprozesse und Konzentration. Es ist das Glücksmolekül hinter den Likes – und der Grund, warum manche das Smartphone so ungerne aus der Hand geben.

63. ATP

molekularer Muskelkraftstoff im Dauereinsatz

Adenosintriphosphat, kurz ATP, ist der universelle Energieüberträger in deinen Zellen – ohne ATP läuft nichts, weder Muskelbewegung, Denken noch Atmung. Dieses Molekül funktioniert wie eine biologische Batterie: Es besteht aus Adenin, Ribose und drei Phosphatgruppen, deren Bindungen chemisch wie „Spannungsfedern" Energie speichern. Wird eine Phosphatgruppe abgespalten, wird die gespeicherte Energie schlagartig freigesetzt und treibt Muskelkontraktion oder andere lebenswichtige Prozesse an – jede Muskelzelle nutzt ihr gesamtes ATP-Reservoir schon in weniger als einer Minute.

Im Ruhezustand und vor allem beim Sport produziert der Körper ständig neues ATP – pro Sekunde werden in jeder Zelle Millionen

ATP-Moleküle recycelt. Die Synthese geschieht vor allem in den Mitochondrien, den sogenannten Kraftwerken der Zelle, durch Zellatmung und mit Hilfe von Glukose und Sauerstoff. Geht das ATP aus, erlahmen Muskeln, Gehirn und Organe – kein Wunder, dass ATP auch als „Energiewährung" des Lebens bezeichnet wird.

Besonders bei intensiver Belastung ist ATP binnen Sekunden aufgebraucht und muss blitzschnell neu synthetisiert werden. Ohne Nachschub bleibt selbst der stärkste Muskel im Energiesparmodus.

64. ADRENALIN

der Turbo-Booster für Körper & Geist

Ein Spaziergang im Wald, das Rascheln im Gebüsch – und plötzlich steht eine Wildsau vor dir. In Sekundenbruchteilen schaltet dein Körper auf Alarmstufe Rot: Herzschlag und Atmung beschleunigen sich, Pupillen weiten sich, Schweiß tritt auf die Haut. Willkommen im Adrenalinmodus.

Adrenalin ist das Notfallhormon des Körpers. Es wird in den Nebennieren gebildet – kleinen Drüsen, die wie Schutzkappen auf den Nieren sitzen. Sobald das Gehirn Gefahr signalisiert, gelangt Adrenalin ins Blut und versetzt den gesamten Organismus in höchste Bereitschaft.

Die Wirkung ist beeindruckend: Herz und Kreislauf laufen auf Hochtouren, Muskeln werden mit Sauerstoff versorgt, die Leber schüttet Zuckerreserven aus, das Gehirn ist hellwach. Alles dient nur einem Ziel – blitzschnell reagieren, kämpfen oder fliehen.

Doch nicht nur echte Bedrohungen lösen diese Reaktion aus. Auch Achterbahnen, Extremsport oder Horrorfilme aktivieren denselben Mechanismus – das Kribbeln im Bauch ist nichts anderes als eine kontrollierte Dosis Adrenalin. Der kurze Rausch fühlt sich gut an, weil der Körper dabei Energie und Glückshormone freisetzt.

WUSSTEST DU?

Adrenalin rettet Leben: In der Notfallmedizin kann eine Spritze das Herz wieder zum Schlagen bringen. Der berühmte „Adrenalin-Kick" ist hier tatsächlich wörtlich gemeint.

65. MITOCHONDRIEN = KRAFTWERKE

Energie aus Zucker

Mitochondrien sind die legendären Kraftwerke der Zelle. Sie verwandeln Zucker, Fette und Sauerstoff in den universellen Energieträger ATP (Adenosintriphosphat) und versorgen Muskeln, Nerven und Organe ununterbrochen mit frischer Energie.

Das Prinzip ist raffiniert: Aus Glukose entsteht zunächst Pyruvat, das in den Mitochondrien weiterverarbeitet wird. Im Citratzyklus und in der Atmungskette – zwei komplexen Reaktionssystemen im Inneren der Mitochondrien – entsteht ATP als „Energiewährung" des Lebens. Jede freigesetzte Energie wird dabei chemisch gespeichert und sofort genutzt.

Besonders energiehungrige Zellen wie Muskel- oder Nervenzellen enthalten oft tausende Mitochondrien. Ohne sie könnten wir weder atmen, denken noch laufen – ein Defekt dieser Zellen beeinträchtigt nahezu jede Körperfunktion. Ihre Doppelmembran, eigene DNA und Fähigkeit zur Teilung machen sie zu einzigartigen Energiewandlern in unserem Körper.

WOW! **WUSSTEST DU?**

Mitochondrien stammen ausschließlich von der Mutter – dein persönliches Energieerbe ist also mütterlich.

66. CO_2

Endprodukt deiner Existenz

Mit jedem Atemzug gibst du Kohlendioxid ab. Es entsteht in den Mitochondrien, wenn Zucker mit Sauerstoff „verbrannt" wird – ein biochemisches Feuer, das deinen Körper mit Energie versorgt. Was übrig bleibt, sind Wasser und CO_2, das über das Blut in die Lunge gelangt und ausgeatmet wird.

Dieses Gas ist kein Abfall im klassischen Sinn, sondern Teil eines gewaltigen Kreislaufs. Pflanzen nutzen das ausgeatmete Kohlendioxid in der Photosynthese und verwandeln es wieder in Sauerstoff und neue Biomasse – dein Atem ist also Rohstoff für das nächste Blattgrün.

Ein Mensch produziert täglich rund ein Kilogramm CO_2 – im Ruhezustand etwa 0,25 Liter pro Minute, bei körperlicher Aktivität um ein Vielfaches mehr. Selbst im Schlaf läuft dieser stille Austausch weiter, Sekunde für Sekunde.

WOW!

WUSSTEST DU?

Aus der ausgeatmeten Luft einer Person könnte eine Zimmerpflanze tagelang leben. Dein Atem enthält etwa hundertmal mehr CO_2 als die Außenluft.

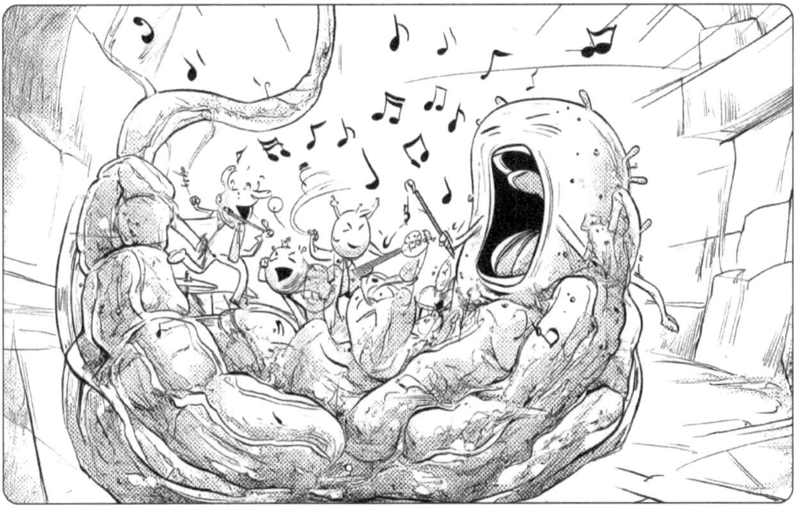

67. VERDAUUNG:

Die Zersetzungs-Party in Deinem Bauch

Nach dem Essen startet in deinem Körper ein präzise orchestriertes Spektakel aus Säuren, Enzymen und Mikroben. Magensäure, Verdauungsenzyme und Darmflora übernehmen die Hauptrollen – gemeinsam zersetzen sie dein Mahl in Energie und Bausteine des Lebens.

Den Auftakt gibt die Magensäure: Mit einem pH-Wert zwischen 1 und 3 ist sie saurer als Batteriesäure. Sie zerlegt Proteine, tötet Keime und macht die Nahrung verdaulich. Nur eine dicke Schutzschicht aus Schleim bewahrt den Magen davor, sich selbst aufzulösen.

Danach übernehmen die Enzyme das Kommando. Jedes hat seine Spezialaufgabe: Amylase spaltet Kohlenhydrate, Lipase kümmert sich um Fette, Protease zerschneidet Eiweißketten in Aminosäuren – alles streng nach dem „Schlüssel-Schloss-Prinzip".

Im Darm übernehmen Milliarden Mikroben das große Finale. Sie bauen Reststoffe ab, gewinnen Vitamine und halten das mikrobielle Gleichgewicht aufrecht. Am Ende bleibt Energie für deinen Körper – und ein unvermeidliches Abfallprodukt, das den Körper auf natürlichem Wege verlässt.

WOW!

WUSSTEST DU?

Magensäure ist so stark, dass sie Metall angreifen könnte – trotzdem bleibt dein Magen heil. Der Trick: eine Schleimschicht, die ihn rund um die Uhr schützt und ständig erneuert wird.

Kapitel 14

VERBOTENE SUBSTANZEN

Ob Droge, Nervengift oder Laborunfall –
hier lernst du auch die ganz düstere Seite der Chemie kennen.

68. VX

Ein Tropfen zu viel – und: „Game Over!"

Unsichtbar, ölig, geruchlos und so tödlich, dass schon der Gedanke an VX Gänsehaut auslöst. Entdeckt wurde es nicht etwa als Waffe, sondern zufällig bei der Suche nach neuen Pestiziden. Das Ergebnis: ein Nervengift, das hundertmal giftiger ist als Sarin. Ein winziger Tropfen auf der Haut reicht, um das Nervensystem in Sekunden lahmzulegen – selbst ein 100-Kilo-Mann hätte keine Chance.

Chemisch gesehen wirkt VX wie ein perfider Schalter: Es blockiert das Enzym Acetylcholinesterase, das normalerweise Nervensignale stoppt. Folge: Die Nerven feuern ununterbrochen, Muskeln verkrampfen – bis Atmung und Kreislauf versagen. Was VX so beängstigend macht: Es bleibt lange stabil, haftet an Oberflächen und wirkt schon in mikroskopischer Menge.

Seit seiner Entdeckung in den 1950er-Jahren geistert VX als „Horror im Tropfenformat" durch Lehrbücher, Spionagegeschichten und Chemiewaffenverbote. Heute ist es international geächtet, doch allein die Vorstellung eines offenen Fläschchens lässt selbst erfahrene Chemiker nervös werden. VX ist die ultimative Erinnerung daran, dass Chemie Leben retten – oder in einem einzigen Tropfen auslöschen kann.

WUSSTEST DU?

VX entstand versehentlich in der Pestizidforschung der 1950er-Jahre. Seine extreme Wirkung machte es zum Synonym für die dunkle Seite der Chemie.

69. THALIDOMID

Der Contergang-Skandal

Ende der 1950er-Jahre galt Thalidomid als Wunder der modernen Medizin: ein Schlaf- und Beruhigungsmittel, angeblich sanft, sicher und nicht überdosierbar. Unter dem Namen „Contergan" wurde es millionenfach verkauft – auch an Schwangere, denen es gegen Morgenübelkeit helfen sollte. Werbung und Ärzte priesen es als Fortschritt, bis sich der Fortschritt als fataler Irrtum erwies.

Der Wirkstoff zeigte eine verheerende Nebenwirkung: In der Frühschwangerschaft störte er die Embryonalentwicklung, sodass Tausende Kinder mit schweren Fehlbildungen geboren wurden. Arme und Beine blieben verkümmert oder fehlten ganz. Der Contergan-Skandal erschütterte eine ganze Generation, führte zu Entschädigungsprogrammen und revolutionierte die Arzneimittelzulassung weltweit.

Chemisch gesehen gibt es Thalidomid wie ein linkes und ein rechtes Spiegelbild. Die eine Form wirkte beruhigend, die andere führte zu schweren Fehlbildungen. Heute wird der Wirkstoff wieder verwendet, allerdings nur unter strengster Kontrolle, etwa in der Behandlung bestimmter Krebsarten.

WUSSTEST DU?

Der Contergan-Skandal gilt als Wendepunkt der Arzneimittelforschung. Erst danach wurden umfassende Testverfahren und Sicherheitsstandards eingeführt, die bis heute weltweit gelten.

70. SARIN

Hier ist Schluss mit lustig

Sarin ist ein weiterer unsichtbarer chemischer Albtraum: farblos, geruchlos und schon in winzigen Mengen tödlich. Entwickelt wurde es in den 1930er-Jahren von deutschen Chemikern, die eigentlich ein neues Insektizid suchten. Das Ergebnis war ein Stoff, rund zwanzigmal giftiger als Blausäure – ein Nervengift, das später traurige Berühmtheit erlangte.

Während des Zweiten Weltkriegs produzierte die Wehrmacht Sarin in großen Mengen, setzte es jedoch nie ein. Jahrzehnte später wurde der Kampfstoff in verschiedenen Konflikten und bei Terroranschlägen tragisch eingesetzt. Die Folgen sind verheerend: Augen tränen, Muskeln verkrampfen, Atmung und Herz versagen.

Auf molekularer Ebene wirkt Sarin, indem es das Enzym Acetylcholinesterase blockiert – denselben Mechanismus, den auch VX nutzt. Dadurch bleiben Nervensignale dauerhaft aktiv, und der Körper gerät in einen unkontrollierbaren Dauerkrampf. Gegengifte wie Atropin oder Obidoxim können helfen, aber nur, wenn sie innerhalb weniger Minuten verabreicht werden.

WUSSTEST DU?

Die Erfinder des Nervengifts verewigten sich im Namen: Schrader, Ambros, Ritter und Linde – kurz SARIN.

71. DIOXIN

Ein Gift, das niemals gehen will

Dioxin ist der ungeladene Dauergast der Chemie – niemand will es haben, und doch bleibt es hartnäckig. Es entsteht unbeabsichtigt als Nebenprodukt bei der Herstellung von Kunststoffen, beim Müllverbrennen oder in der Pestizidproduktion. Das Problem: Schon winzige Mengen sind hochgiftig für Mensch und Umwelt – und Dioxin bleibt über Jahrzehnte stabil.

Seine Karriere als Umweltschreck begann während des Vietnamkriegs: Als Bestandteil des Entlaubungsmittels „Agent Orange" ließ es Wälder in kürzester Zeit verdorren – und verursachte bei Menschen schwere Krankheiten und Missbildungen. Später sorgte der Industrieunfall von Seveso 1976 für Schlagzeilen, als eine ganze Ortschaft evakuiert werden musste. Spätestens da wurde klar, dass Dioxin kein kurzfristiges Problem, sondern ein langfristiges Umweltproblem ist.

Das Tückische: Dioxin ist hitzeresistent, kaum abbaubar und lagert sich im Fettgewebe ab, wo es Jahrzehnte überdauert. Weder Wetter, Zeit noch Kochen können es zerstören. Damit steht Dioxin sinnbildlich für die Langlebigkeit vieler Schadstoffe – ein Gift, das buchstäblich nicht vergeht.

WUSSTEST DU?

Dioxin bleibt über Generationen aktiv. In manchen Regionen Vietnams werden bis heute Kinder mit Spätfolgen des Entlaubungsmittels „Agent Orange" geboren.

72. RIZIN

Die hübsche Mord-Pflanze

Rizin ist der ungeahnte Killer aus dem Vorgarten. Es steckt in den Samen des Rizinus, jener Zierpflanze mit den hübsch gesprenkelten Kapseln, die fast harmlos wirken. Doch der Eindruck täuscht: Schon wenige zerkleinerte Samen können für einen Erwachsenen tödlich sein. Erste Symptome wie Übelkeit, Erbrechen und Krämpfe treten nach wenigen Stunden auf.

Auf molekularer Ebene blockiert Rizin die Proteinproduktion in den Zellen und bringt so den gesamten Stoffwechsel zum Erliegen. Die Organe verlieren ihre Funktion, und der Körper schaltet nach und nach ab. Wird das Gift eingeatmet, führt es zu schweren Atemproblemen und Lungenversagen – einer der Gründe, warum Rizin auch als potenzielle Biowaffe gilt. Hautkontakt allein ist dagegen meist ungefährlich, solange keine Wunden bestehen.

Besonders tückisch: Die Samen schmecken leicht nussig – eine fatale Täuschung. Ein Gegengift gibt es bis heute nicht; die Behandlung beschränkt sich auf das Lindern der Symptome und das Verhindern weiterer Giftaufnahme. Rizin bleibt eines der effektivsten natürlichen Gifte der Welt.

WUSSTEST DU?

Rizinusöl und Rizin haben denselben Ursprung – die Samen des Wunderbaums. Doch während das eine heilt, kann das andere töten. Das Gift bleibt beim Pressen im Rückstand zurück.

NOBELPREISWÜRDIG – UND TROTZDEM IRRE

Nicht jede brillante Idee ist alltagstauglich.
Hier kommen die glorreichsten Skurrilitäten der preisgekrönten Wissenschaft.

73. FULLERENE

Fußballstars auf Nobelpreis-Kurs

Manchmal hat selbst gewöhnlicher Ruß Starpotenzial. In den 1980er-Jahren entdeckten die Forscher Curl, Kroto und Smalley eine neue Form des Kohlenstoffs, die aussieht wie ein perfekter Lederball. Jeder Fulleren-C60 besteht aus 60 Kohlenstoffatomen, die sich zu einer Kugel aus zwölf Fünfecken und zwanzig Sechsecken anordnen.

Die Entdeckung war reiner Zufall: Bei der Analyse von Ruß stießen die Wissenschaftler auf unerwartete Signale und erkannten, dass sie etwas völlig Neues gefunden hatten – eine stabile, geschlossene

Kohlenstoffstruktur, anders als Graphit oder Diamant. Für diese Entdeckung erhielten sie 1996 den Nobelpreis. Der Name „Buckminsterfulleren" erinnert an den Architekten Buckminster Fuller, dessen futuristische Kuppeln dem Molekül verblüffend ähneln.

Fullerene gibt es nicht nur als perfekte Kugel (C60), sondern auch in länglicher Form wie ein Rugbyball (C70). Sogar im All wurden sie nachgewiesen. Heute sind sie begehrte Molekülbausteine für Hightech-Materialien – von Elektronik und Nanomedizin bis hin zu Anti-Aging-Cremes. Vom Labor bis ins Kosmetikregal: ein Aufstieg in Rekordzeit.

WOW!

WUSSTEST DU?

Fullerene kommen sogar im Weltraum vor – in den Gaswolken alter Sterne. Ein Stück kosmischer Staub, das aussieht wie ein Fußball.

74. QUANTENPUNKTE

Wenn Nano-Teilchen bunter leuchten als jeder Regenbogen

Quantenpunkte sind winzige Kristallkügelchen, die selbst Viren riesig wirken lassen – und sie besitzen eine verblüffende Fähigkeit: Sie leuchten in allen Farben des Regenbogens. Der Trick liegt in ihrer Größe. Kleine Quantenpunkte strahlen energiereiches, bläuliches Licht aus, größere glühen in warmem Rot.

Jeder Punkt misst nur wenige Nanometer – also einige tausend Atome – und verhält sich physikalisch wie eine Mini-Bühne für Elektronen. In dieser winzigen Welt springen Elektronen auf höhere Energielevel und senden beim Zurückfallen farbiges Licht aus. So entsteht ein Nano-Feuerwerk, das Chemiker und Physiker gleichermaßen fasziniert.

Dank ihrer Präzision und Farbbrillanz finden Quantenpunkte längst praktische Anwendungen: in modernen Displays, in hellen LEDs und sogar in der Medizin, wo sie Tumore sichtbar machen, damit Chirurgen gezielter operieren können. Was einst eine Labor-Kuriosität war, leuchtet heute buchstäblich den Weg in die Zukunft.

WOW!

WUSSTEST DU?

Ein Quantenpunkt ist 10.000-mal kleiner als der Durchmesser eines Haares – und kann trotzdem die Farbe wechseln, nur weil er wächst oder schrumpft.

75. KALTE FUSION

Der ewige Traum von der Gratis-Energie

Die Kalte Fusion ist der Lieblingsmythos der Physik: Energie aus Kernfusion gewinnen, aber ganz ohne Sonnenhitze und gigantische Reaktoren – das klingt wie das Versprechen von ewiger Gratis-Pizza. 1989 sorgten die Chemiker Martin Fleischmann und Stanley Pons für weltweite Schlagzeilen, als sie verkündeten, ihnen sei in einem einfachen Tisch-Experiment mit Palladium und Wasser eine Kernfusion bei Raumtemperatur gelungen. Für einen Moment schien das Energieproblem der Menschheit gelöst.

Doch die Euphorie hielt nicht lange: Kein Labor der Welt konnte das Ergebnis reproduzieren. Die Fachwelt reagierte skeptisch, die Schlagzeilen verebbten – und die „kalte Fusion" wurde zum Symbol für große Träume mit kleinem Realitätsgehalt. Trotzdem blieb die Idee lebendig. Bis heute versuchen Forscher, die Abstoßung der Atomkerne zu überwinden, experimentieren mit Nanostrukturen, Elektronenschirmen und exotischen Resonanzen.

Immer wieder tauchen Berichte über unerklärliche Wärmeentwicklungen oder kleine Kernreaktionen auf – aber nie mit einem echten Energieüberschuss. So bleibt die kalte Fusion eine faszinierende Mischung aus Hoffnung und Fiktion.

WOW!

WUSSTEST DU?

Die Kalte Fusion taucht regelmäßig in Filmen und Romanen auf. Bis heute wartet die Welt auf die Verwirklichung dieses Traumes.

76. BOSE-EINSTEIN-KONDENSATE

Quanten-Kuscheln am Nullpunkt

Wenn Atome aufhören, sich wie eigenständige Teilchen zu verhalten, und stattdessen zu einem kollektiven Super-Atom verschmelzen, entsteht ein Bose-Einstein-Kondensat. Dieser exotische Zustand tritt auf, wenn man eine Wolke aus Atomen auf Temperaturen nahe dem absoluten Nullpunkt abkühlt. Dann verlieren sie ihre Individualität, schwingen im Gleichklang und verhalten sich wie eine einzige, riesige Quantenwelle.

Die Idee stammt schon aus den 1920er-Jahren von Satyendra Nath Bose und Albert Einstein, doch die praktische Umsetzung gelang erst 1995 – und brachte den Forschern prompt den Nobelpreis. In diesem Zustand wird Quantenmechanik direkt sichtbar: Materie wirkt plötzlich wie eine sanft fließende „Materiesuppe", die sich als ein einziges Objekt durch das Labor bewegt.

Besonders faszinierend: In Bose-Einstein-Kondensaten lassen sich Phänomene wie Verschränkung, Überlagerung und sogar „negative Masse" beobachten – Teilchen verhalten sich dann so, als würden sie beschleunigen, wenn man sie abbremst.

WOW!

WUSSTEST DU?

Das kälteste Bose-Einstein-Kondensat wurde 2022 im freien Fall erzeugt – bei 38 Billionstel Grad über dem absoluten Nullpunkt.

77. ASTROCHEMIE

Das Weltraum-Chemielabor

Astrochemie ist Chemie mit Aussicht auf die Milchstraße. Statt Reagenzgläsern gibt es Eiskristallwolken, statt Bunsenbrennern kosmische Strahlung – und Zeit spielt hier keine Rolle, denn Moleküle haben Millionen Jahre zum Köcheln. Ihre Versuchslabore heißen Kometen, Gasnebel oder interstellare Wolken, in denen Wasserstoff, Kohlenstoff, Methan oder sogar Alkohol durchs All treiben. Das Ergebnis: ein schimmernder Cocktail aus Molekülen mit galaktischem Fernweh.

Faszinierend ist, wie robust diese winzigen Bausteine im All überleben. Ionen wie das berühmte H_3^+-Ion würden auf der Erde sofort zerfallen, halten sich im Vakuum des Weltalls aber tapfer wie eingefrorene Abenteurer. Und sie werden kreativ: Aus simplen Teilchen entstehen lange Molekülketten – vielleicht sogar die ersten Zutaten für Leben. Das Universum wirkt dabei wie ein gigantischer Reaktor, der ständig neue chemische Kombinationen ausprobiert.

Die Bedingungen sind extrem: Temperaturen nahe dem absoluten Nullpunkt, geballte UV-Strahlung, fast vollständiges Vakuum und unendliche Geduld. Dafür gibt es himmlische Überraschungen: Alkoholnebel im Orion, Methaneis auf Titan oder organische Moleküle in Kometenschweifen. Die Astrochemie zeigt: Das Weltall ist kein leerer Raum, sondern ein brodelndes Chemielabor.

WUSSTEST DU? WOW!

Im Sternbild Schütze schwebt eine Wolke, die Milliarden Liter Alkohol enthält.

Kapitel 16

KULINARISCHE CHEMIE-FAILS

Manche Stoffe gehören in die Küche – andere nur ins Labor.
Dieses Kapitel erklärt, was passiert, wenn du beides verwechselst.

78. BACKPULVER-OVERKILL

Dein Teig als Mini-Vulkan

Backpulver gilt als prima Küchenhelfer: unscheinbar, aber von beeindruckender Sprengkraft. Das klassische Trio aus Natron, Säure und Stärke sorgt normalerweise für den sanften Aufstieg – winzige CO_2-

Bläschen lockern den Teig und verwandeln ihn in eine luftige Köstlichkeit. Doch wer großzügiger dosiert, als das Rezept erlaubt, erlebt ein chemisches Küchendesaster: Der Teig bläht sich auf, brodelt, zischt – und verwandelt den Ofen in eine Miniatur-Vulkanlandschaft.

Trifft Natriumhydrogencarbonat auf eine Säure, entsteht Kohlendioxid – das Gas, das den Kuchen hebt. In normaler Menge geschieht das kontrolliert und elegant. Doch zu viel des Guten führt dazu, dass die Blasen platzen, der Teig zusammenfällt und ein klebriger Krater zurückbleibt.

In der Mikrowelle führt der rasante Temperaturanstieg dazu, dass der Teig binnen Sekunden aufsteigt, sich wölbt – und schließlich implodiert. Das möchte man ungerne erleben.

WOW!

WUSSTEST DU?

Ein Teelöffel Backpulver setzt rund einen Liter CO_2 frei – perfekt, um damit einen Luftballon zu füllen.

79. KNOBLAUCH + EISENPFANNE

Das grüne Duo

Knoblauch ist nicht nur aromatisch, sondern auch erstaunlich kreativ.

In einer Eisenpfanne kann er plötzlich Farbe bekennen – und das gleich in leuchtendem Grün bis Türkis. Was nach Küchenchemie für Fortgeschrittene aussieht, ist ein völlig harmloser Nebeneffekt mit wissenschaftlichem Hintergrund.

Beim Schneiden und Erhitzen setzt Knoblauch seine schwefelhaltigen Verbindungen frei. Enzyme wie Alliinase verwandeln Aminosäuren in reaktionsfreudige Moleküle – darunter Allicin, das für den typischen Geruch sorgt. Treffen diese Verbindungen auf Eisen aus der Pfanne, bilden sich neue Schwefelkomplexe, die das Licht anders reflektieren. Das Ergebnis: schimmernde grüne Strukturen, die eher an Laborfarben als an Kochkunst erinnern.

Selbst die Temperatur und der pH-Wert mischen mit: Je nach Bedingungen entstehen unterschiedliche Farbtöne, gelegentlich verstärkt durch pflanzeneigene Pigmente wie Anthocyane. So wird der Knoblauch kurzzeitig zum Chemiker – und das Gericht zum Molekülmosaik.

Die gute Nachricht: Alles bleibt essbar. Die Verfärbung ist rein optisch und zeigt nur, dass Schwefel und Eisen eine besonders lebhafte Beziehung pflegen.

WUSSTEST DU? WOW!

Knoblauch kann je nach Metall blaugrün bis türkis schimmern – in Eisen-, Kupfer- oder Aluminiumtöpfen jeweils mit ganz eigener Farbnuance.

80. SALZ IM KAFFEE

Sensorik auf Abwegen

Ein versehentlicher Griff zur Salzdose am Morgen kann das Geschmackserlebnis revolutionieren. Etwas widerspenstig, aber wirksam: Eine winzige Prise Salz im Kaffee mildert spürbar die Bitternoten und lässt Aromen wie Schokolade oder Nuss stärker hervortreten.

Der Mechanismus dahinter ist faszinierend: Natriumionen (aus

Natriumchlorid) können die Wahrnehmung bitterer Verbindungen dämpfen, indem sie auf der Zunge Bitterrezeptoren beeinflussen und deren Signalwirkung abschwächen. Dadurch treten andere Geschmacksrichtungen – vor allem die Wahrnehmung von Süße – hervor.

Der Trick funktioniert besonders gut bei Röstungen mit starken Bitternoten. Mit etwas Salz wird der Geschmack weicher und runder.

Auch kulturell ist diese Praxis belegt: In Vietnam ist „cà phê muối" (salziger Kaffee) eine etablierte Spezialität.

Trotz aller Eleganz: Es reicht tatsächlich eine feine Prise. Zu viel Salz maskiert nicht nur Bitterkeit, sondern kann das Getränk zerstören. Deshalb gilt: Dosieren mit Zurückhaltung.

WOW! WUSSTEST DU?

In Skandinavien [illegible] bis heute eine Prise Salz in den Kaffee – ursprünglich, um den Geschmack des weichen Schmelzwassers zu verstärken und Bitterstoffe auszugleichen.

81. TROCKENEIS IM COCKTAIL

Und alles versinkt im Nebel

Cocktails mit Trockeneis sind echte Showstars: Sie hüllen das Glas in dichten Nebel und lassen jeden Drink aussehen, als stamme er direkt aus der Zauberküche. Chemisch steckt dahinter ein unkomplizierter Effekt: Trockeneis ist gefrorenes Kohlendioxid, das bei −78,5 °C direkt vom festen in den gasförmigen Zustand übergeht – man nennt das Sublimation. Dabei entstehen CO_2-Blasen, die für den spektakulären Nebel sorgen.

So beeindruckend der Anblick ist, so wichtig ist Vorsicht: Die tiefkalten Stückchen können Kälteverbrennungen verursachen, wenn sie in Kontakt mit Lippen oder Zunge kommen. Außerdem kann eine zu große Menge Trockeneis den CO_2-Gehalt der Luft erhöhen, was in kleinen Räumen zu Schwindel oder Atemnot führt. Profibarkeeper setzen deshalb auf spezielle Netze, damit das Trockeneis nicht in den Mund gelangt.

Wer den Effekt zu Hause nachmachen will, sollte genau dosieren: Ein kleiner Chip reicht für minutenlangen Nebel. Zu viel davon macht den Drink gefährlich und kann sogar den Alkohol so stark abkühlen, dass der erste Schluck zum schmerzhaften Frostschock wird.

WOW!

WUSSTEST DU?

Ein kleines Stück Trockeneis verwandelt sich beim Verdampfen in rund das 760-Fache seines Volumens – das reicht für eine ganze Bar im CO_2-Nebel.

Kapitel 17

KÖRPERGERÜCHE UND IHRE MOLEKÜLE

Unsere Bakterien produzieren Duftstoffe, die von charmant bis katastrophal riechen – je nachdem, was wir essen, schwitzen oder verdauen.

82. BUTTERSÄURE & KÄSEFÜSSE

Ein Geruchsfeuerwerk

Getragene Turnschuhe: das berüchtigte Aroma von „Käsefuß" entsteht dort, wo es warm, feucht und bakterienfreundlich ist. Frischer Schweiß riecht nämlich nach nichts – erst Bakterien auf der Haut verwandeln ihn in eine unangenehme Mischung aus Zersetzung und Säure.

Die Hauptrolle spielt Buttersäure, chemisch Butansäure – eine kurzkettige Fettsäure mit beeindruckendem Geruchspotenzial. Sie entsteht, wenn Mikroben Bestandteile des Schweißes und abgestorbene Hautzellen abbauen. Bereits winzige Mengen genügen, um den typischen, ranzig-säuerlichen „Käsefuß"-Duft zu erzeugen – eine Mischung aus altem Käse, saurer Milch und Wanderpause.

Das Molekül ist erstaunlich vielseitig: Buttersäure taucht auch in reifem Käse, vergorener Butter und Sauerkraut auf – und dient sogar als Basisstoff in manchen Parfumlabors, allerdings nur stark verdünnt. In konzentrierter Form hingegen wird sie in Stinkbomben eingesetzt – mit garantierter Wirkung.

Kurz gesagt: Buttersäure ist der Beweis, dass Chemie buchstäblich unter die Haut geht – und manchmal lieber draußen bleiben sollte.

WOW! **WUSSTEST DU?**

Stubenfliegen finden Buttersäure unwiderstehlich – daher ihre Liebe zu stinkenden Füßen und altem Käse.

83. KNOBLAUCHATEM

Wo selbst Dracula die Flucht ergreift

Wer Knoblauch liebt, kennt das Dilemma: Der kulinarische Genuss sorgt für einen Atem, bei dem selbst Dracula die Flucht ergreifen würde. Schuld daran ist das schlaue Molekül Allicin, das erst beim Zerkleinern,

Pressen oder Kauen entsteht. Es zerfällt zu flüchtigen Schwefelverbindungen wie Allylmethylsulfid, Diallyldisulfid und Methylmercaptan – die eigentlichen Verursacher des berüchtigten Knoblauchatems.

Kaum gegessen, beginnt der chemische Prozess: Im Magen-Darm-Trakt aufgenommen, touren die Schwefelstoffe im Blutkreislauf durch den Körper – und landen schließlich auf der Lunge. So werden sie einfach ausgeatmet und lassen sich nicht einmal wegbürsten. Zähneputzen, Mundspülung, Petersilie? Hier hilft nur Geduld. Die Moleküle sind klein, flüchtig und ausdauernd – und machen die Knolle zum Garant für nachhaltigen Geruch.

Kleiner Trost: Die gleichen Stoffe sind für die Gesundheitswirkung von Knoblauch verantwortlich und sorgen schon seit der Antike für Schutz gegen alles Böse, seien es Bakterien, Vampire oder einfach schlechte Stimmung.

WUSSTEST DU?

Nach einem Knoblauchmarathon bleibt der Duft bis zu zwei Tage erhalten. Apfelschnitze oder Minze können den Effekt etwas zähmen.

84. METHAN & FURZCHEMIE

Ein „duftes Konzert

Wer meint, ein Furz sei nur Luft, irrt gewaltig: Jede Flatulenz ist ein kleines Gas-Symphonieorchester mit Hauptdarstellern wie Methan, Stickstoff und Kohlendioxid. Die eigentliche Melodie liefern unsere Darmbakterien – und Gase wie Methan, die von manchen Menschen bis in die Atmosphäre gepupst werden können. Während Stickstoff und CO_2 harmlos ausschleichen, sorgt Methan für entflammbare Highlights – theoretisch könnte ein Furz eine kleine Stichflamme zaubern.

Wirklich unangenehm wird's durch die fiesen Begleitmusiker: Indol, Skatol, Schwefelwasserstoff und Methanthiol. Schon winzige Mengen entscheiden über den Unterschied zwischen einem diskreten Pups und einem Desaster, das jede Familienfeier sprengt. „Wie laut und wie lange" hängt von Geschwindigkeit, Schließmuskelspannung und Gasmenge ab.

Chemisch betrachtet ist jeder Furz ein Mini-Gas-Cocktail: Bakterielle Gärprozesse verwandeln Bohnen, Zwiebeln oder Kohl in ein buntes Potpourri von Gasen. Die meisten sind geruchlos – doch Schwefelverbindungen sorgen für Duftnoten, die nicht zu übergehen sind.

WOW!

WUSSTEST DU?

Manche Menschen produzieren gar kein methanhaltiges Furzgas – und falls doch, ist die Mischung aus Methan und Wasserstoff sogar entzündlich.

85. KÖRPERSCHWEISS & AMINE

Biochemie für die Nase

Frischer Schweiß ist eigentlich völlig geruchlos – er besteht fast nur aus Wasser und dient der Temperaturregulation. Der typische „Schweißgeruch" entsteht erst, wenn Millionen Hautbakterien die Bühne betreten. Sie zerlegen die im Schweiß enthaltenen Proteine und Fettsäuren und produzieren dabei Ammoniak, kurzkettige Fettsäuren und besonders geruchsintensive Amine. Eines davon ist Trimethylamin – das Molekül, das für den typischen Fischgeruch verantwortlich ist.

Trimethylamin entsteht vor allem in feuchtwarmer Umgebung, wenn Bakterien cholinhaltige Substanzen abbauen. Normalerweise wird es in der Leber in geruchslose Stoffe umgewandelt, doch bei Menschen mit Trimethylaminurie funktioniert dieser Prozess nicht – ihr Körper riecht dann dauerhaft nach altem Fisch. Das Molekül wird nicht nur über den Schweiß, sondern auch über Atem und Urin ausgeschieden, was die Situation besonders unangenehm macht.

Interessant ist, dass nicht alle Schweißgerüche gleich sind: Männer haben mehr apokrine Schweißdrüsen und entwickeln daher intensivere, eher „käsige" Gerüche. Bei Frauen riecht der Schweiß laut Studien häufiger „zwiebelig" oder leicht fruchtig – eine biochemische Mischung, die von Hormonen und der individuellen Hautflora geprägt wird.

WOW!

WUSSTEST DU?

Viele Asiaten riechen kaum nach Schweiß, weil ihnen das Transportprotein ABCC11 fehlt. Ein genetischer Vorteil für enge U-Bahnen.

Kapitel 18

CHEMIE AUF DER SHOWBÜHNE

Bühne frei für Chemie – vom Parfum bis zur Nebelmaschine.

86. SCHWEFELDIOXID IM NEBEL

Bühne frei für Chemie und Showeffekt

Wenn sich der Nebel über die Bühne legt und Lichtstrahlen wie Laser durch die Luft schneiden, steckt dahinter reine Chemie. Nebelmaschinen arbeiten meist mit Glycerin oder Propylenglycol, das stark erhitzt wird und feine Tröpfchen bildet. Bei Trockeneis-Nebel sublimiert festes CO_2 direkt zu Gas und sorgt für den charakteristischen, bodennahen Dunst.

In seltenen Fällen entstehen beim Erhitzen Spuren des Nebelfluids – darunter Schwefelverbindungen wie Schwefeldioxid oder Sulfide – vor allem bei minderwertigen Flüssigkeiten oder alten Geräten. Der typische Geruch nach „faulen Eiern" ist dann zwar deutlich, aber in üblichen Konzentrationen gesundheitlich unbedenklich. Moderne Systeme verfügen zudem über Lüftung und Absaugung, die mögliche Reizstoffe schnell aus der Luft entfernen.

WOW!

WUSSTEST DU?

Für die Entwicklung eines verbesserten Nebelfluids auf Wasser-/Glycerinbasis erhielt die Firma Rosco einen Technik-Oscar für ihre nicht-toxische Formel, die sichere Bühnennebel ermöglicht.

87. PYROTECHNIK

So wird Musik zum Funkenspektakel

Wenn bei Konzerten plötzlich Funken regnen und Flammen im Takt hochschießen, steckt präzise Chemie dahinter. Pyrotechnische Effekte basieren auf Oxidationsmitteln wie Kaliumnitrat oder Perchloraten, die den nötigen Sauerstoff für die Verbrennung liefern. Dazu kommen Schwefel, Kohlenstoff und fein gemahlene Metallpulver – sie sorgen für Hitze, Farbe und das charakteristische Knistern. Je nach Mischung entstehen Flammen in leuchtendem Rot, blitzendem Weiß oder sogar giftgrünem Schimmer.

Die Kunst der Pyrotechnik liegt in der Abstimmung: Jedes Knallen, Zischen und Funkensprühen wird so getimt, dass es zum Rhythmus der Musik passt. Sanfter Goldregen, punktgenaue Blitze oder donnernde Explosionen – das Spektrum ist riesig, und alles folgt einem genau kalkulierten Reaktionsplan.

So wird die Bühne zum chemischen Labor: Funken zeichnen Lichtfiguren in die Luft, Flammen setzen optische Akzente, und das Publikum erlebt Musik mit allen Sinnen. Pyrotechnik macht aus jedem Konzert ein choreografiertes Spektakel aus Licht, Klang und Feuer.

WUSSTEST DU? WOW!

Jede Feuerwerksfarbe hat ihr eigenes Element: Strontium sorgt für Rot, Barium für Grün, Kupfer für Blau – und Natrium für das typische Goldgelb.

88. LIPGLOSS

Glanz dank Polymer-Power

Hinter dem schimmernden Auftritt von Lipgloss steckt clevere Chemie. Hauptdarsteller sind Polymere wie Polybutene und Acrylate. Sie bilden auf den Lippen einen hauchdünnen Film, der glänzt, schützt und lange anhält.

Die Wirkung ist mehr als nur Kosmetik: Dieser Polymerfilm schließt Feuchtigkeit ein, fixiert Glanzpartikel und schützt die Lippen vor äußeren Einflüssen. Das Ergebnis ist ein gleichmäßiger Schimmer, der weder klebt noch austrocknet. Selbst nach Stunden bleibt der Gloss geschmeidig – und sorgt für den typischen „Plumping"-Effekt, der Lippen voller wirken lässt.

Dank moderner Formulierungen gibt es Lipgloss in nahezu jeder Variante: von dezentem Nude über metallischen Schimmer bis zu intensiven Farben. Die Chemie macht es möglich, dass aus einer simplen Rezeptur ein hochpräzises Beauty-Produkt wird – ein Paradebeispiel dafür, wie Moleküle den Alltag schöner machen.

WOW! **WUSSTEST DU?**

Ohne Polymere gäbe es keinen langanhaltenden Glanz – dein Lipgloss wäre nach fünf Minuten von deinen Lippen verschwunden.

89. PARFUM

Chemie in ihrer duften Form

Parfum klingt nach Zauber und Luxus – doch dahinter steckt pure Chemie. Die Hauptdarsteller sind aromatische Ester und Alkohol. Während Ethanol den Duft sofort in die Luft schickt, sorgen Ester für fruchtige, florale oder pudrige Noten. Jede Duftnote ist das Ergebnis raffinierter Reaktionsketten – von fruchtig-bananig bis hin zu geheimnisvoll-pudrig.

Bei der sogenannten „Veresterung" reagiert eine Carbonsäure (z. B. Essigsäure) mit einem Alkohol wie Ethanol – das Ergebnis ist ein Ester, der je nach Kombination nach Apfel, Ananas, Pfirsich oder Rum duftet. Der nüchterne Laborprozess liefert also das Molekül, der Parfümeur komponiert daraus ein individuelles Duftbouquet.

Moderne Parfums sind ausgeklügelte Mischungen aus natürlichen und synthetischen Komponenten – perfekt abgestimmt, damit vom ersten Date bis zur Opernpremiere alles gut riecht. Kopf-, Herz- und Basisnote werden dabei so orchestriert, dass sie auf der Haut ein harmonisches Duftbild entfalten.

WOW!

WUSSTEST DU?

Der teuerste Bestandteil vieler Parfums ist nicht Gold, sondern „Ambra" – eine wachsartige Substanz, die aus dem Verdauungssystem von Pottwalen stammt. Heute wird sie fast ausschließlich synthetisch hergestellt – zum Glück für alle Beteiligten.

Kapitel 19

UNTERSCHÄTZTE GEFAHREN IM HAUSHALT

Zwischen WC-Reiniger, Waschmittel und Nagellack verstecken sich riskante Alltagshelfer. Was du lieber nicht mischen solltest:

90. WC-REINIGER + ESSIG =

Drama im Badezimmer

Was als sauberes Vorhaben beginnt, kann schnell im chemischen Desaster enden: Die Kombination aus chlorhaltigem WC-Reiniger und

Essig klingt nach doppelter Hygiene – ist aber eine gefährliche Reaktion. Treffen die beiden aufeinander, entsteht Chlorgas, ein Reizgas, das schon im Ersten Weltkrieg als Waffe eingesetzt wurde.

Chemisch gesehen ist der Vorgang einfach: Die Säure aus Essig oder Zitronensaft setzt das im Reiniger gebundene Aktivchlor frei. Dabei bildet sich gasförmiges Chlor, das sich rasch im Raum verteilt. Schon kleinste Mengen reizen Augen und Atemwege, größere Konzentrationen können zu Husten, Tränenfluss und Atemnot führen – im Extremfall sogar zu Verätzungen der Lunge.

Das Problem: Chlorgas ist schwerer als Luft und sammelt sich bodennah, also genau dort, wo geputzt wird. Deshalb gilt: Nach solchen Experimenten hilft nur noch kräftiges Lüften.

Die goldene Regel lautet: Reinigungsmittel nie kombinieren. Essig und Chlorreiniger arbeiten für sich hervorragend – gemeinsam aber gegen dich.

WOW!

WUSSTEST DU?

Der typische „Schwimmbadgeruch" stammt übrigens nicht von Chlor selbst, sondern von Chloraminen – Verbindungen, die entstehen, wenn Chlor auf Schweiß oder Urin trifft.

91. NAGELLACKENTFERNER

Aceton: Wenn der Lack ab ist

Wer gerne Farbe auf den Nägeln trägt, kennt auch den typischen Geruch von Nagellackentferner. Hauptdarsteller ist meist Aceton – ein starkes Lösungsmittel, das Nagellack blitzschnell zersetzt. Ein paar Tropfen auf ein Wattepad genügen, und schon verwandelt sich der Glitzernagel in eine saubere, neutrale Leinwand. Aceton ist damit der wohl effizienteste „Reset-Knopf" für jedes Nagelstyling.

Chemisch betrachtet löst Aceton die Polymere im Lack und macht sie wasserlöslich – eine beeindruckend schnelle Reaktion. Doch seine Stärke hat ihren Preis: Aceton ist hochentzündlich und verdampft extrem schnell. In schlecht gelüfteten Räumen können die Dämpfe Kopfschmerzen verursachen, und bei häufiger Anwendung trocknen Haut und Nägel aus, was sie spröde und brüchig werden lässt.

Wer sanftere Alternativen sucht, greift zu Entfernern mit Ethylacetat oder milden Pflegezusätzen. Sie wirken etwas langsamer, schonen aber Nägel und Nagelhaut. Egal, welche Variante man wählt – ein gut belüfteter Raum und eine anschließende Handpflege sind Pflicht, damit das Beauty-Ritual nicht zur Belastungsprobe für Nägel und Nase wird.

WOW!

WUSSTEST DU?

Aceton war früher sogar ein wichtiger Bestandteil von Sprengstoffmischungen.

92. WASCHMITTEL + HEISSES WASSER

Wenn die Chemie den Waschlappen wirft

Waschmittel sind wahre Alleskönner – und ihre heimlichen Stars heißen Enzyme. Diese cleveren Eiweiß-Katalysatoren zerlegen Fett-, Eiweiß- und Stärkeflecken mit chirurgischer Präzision. Doch sobald das

Wasser zu heiß wird, streiken die biochemischen Putzhelden: Über 60 °C denaturieren die empfindlichen Enzyme – eben noch fleißige Fleckenjäger, sind sie dann chemisch betrachtet „außer Gefecht".

Das Ergebnis? Statt frischem Lavendelduft gibt's manchmal den „Bügeleisen-Aroma-Mix". Ohne funktionierende Enzyme bleiben Schmutz und Gerüche hartnäckige Dauergäste in der Faser. Zu viel Hitze verwandelt den Power-Waschgang in ein olfaktorisches Desaster – und die Bakterien verbreiten sich unangenehm duftend.

Die alten Waschweisheiten „je heißer, desto sauberer" gelten heute nur noch für keimfreie Küchentücher und Bettwäsche. Moderne Hightech-Waschmittel fühlen sich bei 30–40 °C am wohlsten – dort laufen die Enzyme zur Höchstform auf und lassen die Flecken verschwinden.

WOW!

WUSSTEST DU?

Die meisten Waschmittel-Enzyme stammen aus Mikroorganismen, die ursprünglich in tropischen Quellen entdeckt wurden. Dort lernten sie, selbst bei 40 °C perfekt zu arbeiten – ein Trick, den die Waschmittelindustrie erfolgreich nachahmt.

93. DUFTKERZEN

Chemie für alle Sinne

Wer liebt sie nicht: die Kerze, die nach Vanille, Zimt oder Waldhütte duftet und sofort Gemütlichkeit verbreitet? Doch mit jedem Abbrennen gibt's auch Chemie zum Einatmen. Duftkerzen setzen sogenannte VOCs (Volatile Organic Compounds) frei – flüchtige organische Verbindungen, die zwar den Wohlfühlduft zaubern, aber auch Nebenwirkungen haben können.

Besonders Paraffinkerzen sind fleißige Chemielieferanten: Beim Verbrennen entstehen Benzol, Toluol, Formaldehyd und weitere Nebenprodukte. Der Duft ist fein – aber Feinstaub und Ruß können empfindliche Nasen, Augen und Bronchien reizen.

Das Wachs stammt oft aus Erdöl, und die Duftstoffe kommen nicht selten aus dem Chemiebaukasten. Synthetische Duftmischungen können je nach Empfindlichkeit entweder Wohlbefinden auslösen – oder Kopfschmerzen. Wer sensible Mitbewohner oder Kinder hat, sollte regelmäßig lüften, damit die Moleküle nicht zu Reizungen führen. Gut zu wissen: Bienenwachs- und Sojawachskerzen brennen deutlich sauberer – setzen aber trotzdem einige flüchtige Verbindungen frei.

WOW!

WUSSTEST DU?

Manche Duftkerzen enthalten über 2.500 Chemikalien, darunter auch Allergene. Mit Ozon entstehen sogar kleine Formaldehyd-Wölkchen – und das Wohnzimmer riecht plötzlich eher nach Labor als nach Vanille.

Kapitel 20

TÜCKISCHE PIGMENTE

Nicht alles, was hübsch leuchtet, ist harmlos.
Manche Farbstoffe haben eine Vergangenheit,
die alles andere als bunt ist.

94. TARTRAZIN

Das gelbe Power-Pigment

Tartrazin, auch bekannt als E102, ist der leuchtend gelbe Farbstoff, der Bonbons, Limonaden und Knabberzeug ihr sonniges Strahlen verleiht. Chemisch gehört er zur Familie der Azofarbstoffe – wasserlöslich, lichtbeständig und stabil genug, um selbst in grellen Softdrinks nicht zu verblassen. Ein echtes Farbwunder, das jede Süßigkeit zum Hingucker macht.

Doch der fröhliche Farbton hat seine Schattenseiten. Bei empfindlichen Menschen kann Tartrazin pseudoallergische Reaktionen auslösen: Hautausschläge, Nesselsucht oder asthmatische Beschwerden sind möglich. Besonders diskutiert wird der Einfluss auf Kinder: Studien zeigen, dass Tartrazin zusammen mit anderen Farbstoffen Hyperaktivität und Aufmerksamkeitsprobleme verstärken kann.

Deshalb ist Tartrazin in der EU kennzeichnungspflichtig – Produkte tragen den Hinweis „Kann Aktivität und Aufmerksamkeit bei Kindern beeinträchtigen". Für Menschen mit Aspirin- oder Benzoesäure-Allergie gilt besondere Vorsicht, da Kreuzreaktionen auftreten können. Tartrazin ist damit ein gutes Beispiel dafür, dass Farbstoffe in Lebensmitteln alles andere als harmlos sind.

WOW!

WUSSTEST DU?

In Spanien wird Tartrazin als günstiger Safranersatz in Paella verwendet. Bunt wird nicht nur der Reis – vielleicht auch die Stimmung am Tisch.

95. GENTIANAVIOLETT

Lila und toxisch

Gentianaviolett ist der Farbstoff, der Medizin farbenfroh macht, wie ihr Name schon vermuten lässt. Ein einziger Tropfen genügt, um alles in kräftiges Violett zu tauchen – Haut, Kleidung und gelegentlich auch das Waschbecken. Die Farbe hat jedoch Zweck: Sie zeigt, wo Keimen der Kampf angesagt wird.

Gentianaviolett wirkt antibakteriell und antimykotisch und wurde lange gegen Haut- und Schleimhautinfektionen eingesetzt – etwa bei Windelsoor, Mundsoor oder Fußpilz. Auch in der Mikrobiologie spielt es eine Hauptrolle: In der klassischen „Gram-Färbung" markiert es Bakterien, um sie unter dem Mikroskop sichtbar zu machen.

Doch die leuchtende Substanz hat Schattenseiten. Sie kann Haut und Schleimhäute reizen, und in hohen Dosen zeigen Studien Hinweise auf krebserzeugende Effekte. Sicher ist hingegen: Die Farbe selbst hält sich hartnäckig. Wer einmal damit gearbeitet hat, weiß, dass violette Finger länger bleiben als die eigentliche Infektion.

WOW!

WUSSTEST DU?

Gentianaviolett war einst auch Haarfärbemittel, Textilfarbe und Tintenbestandteil. Heute findet man es vor allem noch in der Mikroskopie.

96. FARBSTOFFE IN MEDIKAMENTEN

Regenbogenpillen

Bei Tabletten geht auch farblich nichts ohne Chemie: Ob rosa, blau, grün oder leuchtend gelb – viele Pillen sind kleine Farbkunstwerke. Nicht, weil der Farbstoff eine Wirkung hätte, sondern damit beim Blick in die Pillendose sofort klar ist, wofür sie gedacht ist. Die Stars heißen Eisenoxide, Titandioxid und verschiedene Azofarbstoffe: Sie sind die Designer der Apotheke, geben jeder Tablette ihren Auftritt und sorgen dafür, dass Verwechslungen ausgeschlossen bleiben.

Eisenoxide liefern Rot-, Braun- und Gelbtöne, Titandioxid sorgt für makelloses Weiß und Chlorophyll lässt selbst Bluthochdruckpillen in gesundem Grün strahlen. Manchmal haben die Farben sogar Bezug zum Wirkstoff oder zum Anwendungsgebiet: grüne Tabletten suggerieren Naturverbundenheit und rote Filmtabletten sind der Feuerwehrtrupp bei Eisenmangel.

Von Natur aus sind die meisten Tabletten eher blass. Damit niemand versehentlich zur Nachttablette statt zum Frühstücksvitamin greift, setzt die Pharmaindustrie auf Farben mit Wiedererkennungswert – und manchmal sogar auf Farbpsychologie: Blau wirkt beruhigend, Rot signalisiert Aktivität.

WUSSTEST DU? WOW!

Manche Medikamentenfarben sind nicht nur Dekoration: Studien zeigen, dass Patienten blaue Schlafmittel beruhigender und rote Schmerztabletten wirksamer empfinden – allein durch die Farbe.

97. URANFARBE

Leuchtkraft mit Strahlenschutzanzug

Leuchtfarbe war einst wirklich radioaktiv: In den frühen Jahrzehnten des 20. Jahrhunderts wurden Uhren, Kompasse und sogar Trinkgläser mit uranhaltigen Farben bemalt, damit sie im Dunkeln grün schimmerten. Die fluoreszierenden Eigenschaften von Uranverbindungen sorgten dafür, dass man nachts die Uhrzeit ablesen konnte.

Die Kehrseite dieser Innovation war weniger erfreulich. Uran und Radium gaben Alpha-, Beta- und Gammastrahlen ab, sodass die bemalten Objekte selbst zu kleinen Strahlenquellen wurden. Besonders tragisch ist die Geschichte der „Radium Girls", jener Arbeiterinnen, die die Zifferblätter mit radioaktiver Farbe bemalten und dabei die Pinselspitzen mit dem Mund formten. Viele erkrankten schwer an Strahlenfolgen – ein dunkles Kapitel der Industriegeschichte.

Heute sind uranhaltige Farben streng verboten, und der Strahlenschutz achtet auf jede noch so kleine Quelle. Moderne Leuchtfarben setzen auf harmlose Alternativen wie Strontiumaluminat oder winzige, mit Tritiumgas gefüllte Röhrchen.

WOW!

WUSSTEST DU?

Uranglas leuchtet nicht, weil es radioaktiv ist, sondern weil seine Uranoxide unter UV-Licht fluoreszieren.

Kapitel 21

CHEMIE UND ABERGLAUBE

Wo Wissenschaft auf Mythen trifft, wird's richtig amüsant.
Von Warzen über Mondwasser bis zu Salz gegen Dämonen.

98. BLEIGIESSEN

Die Zukunft auf dem Löffel

Wenn Chemie auf Aberglaube trifft, schmilzt die Zukunft auf dem Löffel. Früher schmolz man tatsächlich Blei über einer Kerzenflamme, um aus den bizarren Formen der erkalteten Tropfen die Zukunft zu lesen – und atmete dabei jede Menge giftigen Bleidampf ein. Heute verwendet man Zinn, das keine Schwermetalle enthält.

Das Prinzip ist das gleiche: Das Metall wird erhitzt, schmilzt und landet mit Schwung im kalten Wasser. Die rasche Abkühlung lässt unvorhersehbare Gebilde entstehen – mal Krone, mal Schlange, mal undefinierbarer Klecks. Die Interpretation ist dann reine Fantasie.

Früher allerdings schwang mehr Gefahr mit: Beim Bleigießen entstanden feine Partikel von Bleioxid, die sich in der Raumluft verteilten und langfristig Nervenschäden verursachen konnten.

WUSSTEST DU?

Der Brauch des Bleigießens geht vermutlich auf die Römer zurück. Sie glaubten, im erstarrten Metall die Zeichen der Götter zu erkennen.

99. KUPFERMÜNZE GEGEN WARZEN

Unsterblicher Aberglaube

Wer kennt sie nicht, die magische Münze gegen Warzen: Eine Kupfermünze aufs hartnäckige Hautproblem legen, regelmäßig reiben und hoffen, dass das „Kupferwunder" wirkt. Tatsächlich gilt Kupfer chemisch als kleiner Bakterienschreck – Kupferionen besitzen nachweislich eine antimikrobielle Wirkung, sie können Bakterien, Viren und Pilze auf Oberflächen den Garaus machen. Sogar die römischen Legionäre packten ihr Wasser in Kupferflaschen, damit es nicht faulig wird. Aber ob damit auch Warzen besiegt wurden?

Wo Kupfer mit Schweiß und Luft in Kontakt kommt, bildet sich das berüchtigte grünliche Kupferoxid (Patina) – jedoch mit wenig echtem Heilungspotenzial für die Warze selbst. Warzen entstehen nämlich durch Viren (Papillomaviren), und die geben eher selten klein bei. Die Hauptwirkung: Placebo! Das Ritual, die Erwartung und der feste Glaube daran – all das kann das Immunsystem motivieren, die Warze tatsächlich „wegzuzaubern".

WUSSTEST DU? WOW!

Kupfer tötet Bakterien schnell ab – Warzen verschwinden jedoch eher durch Vereisung, Säure oder einfach Geduld.

100. MONDWASSER

Wahrheit oder Mythos?

Man nehme ein Glas Wasser, stelle es bei Vollmond auf den Balkon – und mit einer Portion Glauben ist es am nächsten Morgen energetisch aufgeladen. Rein chemisch bleibt es jedoch schlicht ... Wasser.

Der Mythos Mondwasser lebt von der Vorstellung, dass der silbrige Himmelskörper seine kosmische Energie direkt in die H_2O-Moleküle schickt. Zwar beeinflussen die Mondphasen Gezeiten und Natur, doch im Wasserglas passiert chemisch – rein wissenschaftlich gesehen – so gut wie nichts: Kein Mondstrahl kann die Molekülstruktur verbiegen, egal wie lange das Glas draußen steht.

In der Esoterik ist das anders: Mondwasser wird getrunken, um Kraft zu tanken, Pflanzen zu gießen oder Räume zu segnen. Der Glaube daran ist vermutlich die stärkste „Zutat". Neugierig? Das Experiment ist simpel: Glas rausstellen, vom Mond anstrahlen lassen – und selbst entscheiden, ob der nächste Schluck kosmische Superkräfte hat. Schaden kann's jedenfalls nicht.

WOW!

WUSSTEST DU?

Der Mond stabilisiert die Erdachse und verlangsamt durch seine Gezeitenkräfte allmählich die Erdrotation. Ohne ihn würde die Achse stärker schwanken – mit drastischen Folgen für Klima und Jahreszeiten.

101. SALZ GEGEN FLÜCHE

Die Magie der Kristalle

Im Mittelalter galt Salz als universelles Schutzmittel: Man streute es in dunkle Ecken, über Türschwellen oder direkt in Richtung vermeintlicher

Dämonen. Im Volksglauben symbolisierte es Reinheit, Lebensfreude und göttliche Ordnung – ein einfaches Kristall mit großer symbolischer Bedeutung.

Tatsächlich besitzt Salz durchaus außergewöhnliche Eigenschaften – nur eben chemisch. Natriumchlorid bindet Wasser, wirkt leicht antibakteriell und hemmt die Ausbreitung von Pilzen und Bakterien. So wurde aus dem magischen Schutzsymbol ein echtes Konservierungsmittel, das Lebensmittel und Vorräte vor Verderb bewahrte.

Der Aberglaube, Salz könne böse Energien vertreiben, hielt sich dennoch hartnäckig. Vielleicht, weil es wirklich eine gewisse Kraft hat: Es reinigt, erhält und schützt – nur eben auf molekularer Ebene.

WUSSTEST DU? WOW!

Unter extremem Druck verändert Salz seine Struktur. Forscher haben Verbindungen wie $NaCl_7$ und Na_3Cl_2 erzeugt – chemische Exoten, die laut Lehrbuch eigentlich nicht existieren dürften.

NACHWORT:

Chemie zum Schmunzeln und Staunen

Wenn du bis hierhin gelesen hast, gehörst du zu einer seltenen Spezies: Menschen, die Wissen lieben – auch wenn es keinen allzu praktischen Nutzen hat. Außer Spaß und Freude. Und genau darum geht es.

Du hast erfahren, dass Chemie nicht nur in einem Labor stattfindet, sondern in Bananen, Käfern und Cola-Flaschen. Du weißt nun, dass ein Element, das aussieht wie Wasser, brandgefährlich sein kann – und dass man sich mit Zahnpasta einst radioaktiv „pflegen" konnte. Glückwunsch: Du bist jetzt offiziell zertifiziert in unnützer Molekülkunde.

Und vielleicht hast du es gemerkt: So unnütz ist dieses Wissen gar nicht. Es macht Gespräche unterhaltsamer, schärft den Blick auf die Welt und vertreibt Langeweile. Es bringt dich zum Staunen – und Staunen ist ein seltenes Gut in einer Welt, in der man immer weniger Zeit hat.

Unnützes Wissen ist wie ein chemisches Element: neutral, aber reaktionsbereit. In der richtigen Umgebung zündet es ein Feuerwerk aus Humor, Neugier und Abenteuerlust.

Was bleibt also nach dieser Reise durch das molekulare Kuriositätenkabinett?

⇨ Die Erkenntnis, dass Spinnen manchmal bessere Pharmakologen sind als Menschen.

⇨ Dass man Cola trinken oder damit die Toilette entkalken kann – nur nicht gleichzeitig.

⇨ Und dass Wissenschaft oft dann am spannendsten ist, wenn sie sich selbst nicht allzu ernst nimmt.

Nimm dieses Buch als Werkzeug für absurde Alltagsgespräche. Als Schutzschild gegen langweiligen Smalltalk. Oder einfach als Einladung, öfter mal etwas völlig Absurdes zu genießen.

In diesem Sinne: Bleib neugierig. Bleib nerdig. Und halte dich möglichst fern von Azidazidazid.

GLOSSAR

für Neugierige & Klugscheißer

ALKALIMETALLE
Metalle der ersten Hauptgruppe des Periodensystems. Sie reagieren mit Wasser heftig unter Bildung von Wasserstoffgas und Laugen – oft spritzend, zischend und mit Flammenbildung.

AMPHOLYT
Moleküle, die sowohl als Säure als auch als Base reagieren können. Wasser ist das bekannteste Beispiel. Sie halten Pufferlösungen im Gleichgewicht.

ATOM
Die kleinste Einheit eines chemischen Elements, bestehend aus Atomkern und Elektronenhülle. Ohne Atome gäbe es nichts – von Luft bis Schokolade.

BASE
Stoffe, die Protonen aufnehmen können. Typische Beispiele: Seifen, Laugen, Natron. Sie fühlen sich bei $pH > 7$ wohl und machen Dinge sauber – oder glitschig.

BENZOL
Ein aromatischer Ring aus sechs Kohlenstoff- und sechs Wasserstoffatomen (C_6H_6). Riecht süßlich, war früher weit verbreitet, gilt heute aber als gesundheitlich riskant.

CHIRALITÄT
Eigenschaft von Molekülen, die sich wie linke und rechte Hand verhalten – gleich aufgebaut, aber spiegelverkehrt. In der Biologie ist meist nur eine dieser Formen aktiv oder erwünscht.

DESTILLATION
Trennmethode, bei der Stoffe durch Verdampfen und anschließendes Kondensieren voneinander getrennt werden. Sie ermöglicht die Herstellung von Schnaps, Parfüm und Reinstwasser – ein Klassiker im Chemieunterricht.

EDELGASE
Chemisch sehr reaktionsträge Elemente wie Helium, Neon oder Argon. Sie reagieren kaum mit

anderen Stoffen und bringen Leuchtreklamen zum Strahlen.

ELEKTRON

Negativ geladenes, subatomares Teilchen. Es bewegt sich in Orbitalen um den Atomkern und ermöglicht elektrische Leitfähigkeit, chemische Bindungen – und damit das Leben selbst.

ENDOTHERM

Bezeichnung für chemische Reaktionen, die Energie aufnehmen müssen, etwa das Schmelzen von Eis oder die Fotosynthese. Ohne Wärmezufuhr bleibt die Reaktion aus.

ENZYM

Biologischer Katalysator, der chemische Reaktionen beschleunigt, ohne dabei verbraucht zu werden. Er schneidet, verbindet oder baut Moleküle um – im Körper läuft ohne Enzyme nichts.

EXOTHERM

Reaktionen, die Wärme freisetzen – vom Lagerfeuer bis zur Explosion. Typisch für Verbrennungen, Rostprozesse und das Knallgasexperiment.

HALBWERTSZEIT

Zeitspanne, in der die Hälfte der Atomkerne eines radioaktiven Stoffes zerfällt. Sie kann Sekunden, Jahre oder Jahrtausende betragen – je nach Isotop.

HALOGENE

Reaktive Nichtmetalle wie Fluor, Chlor, Brom und Iod. Sie bilden mit Metallen Salze und werden in Desinfektionsmitteln, Lampen und Halogenverbindungen genutzt.

HELIUM

Edelgas, das Ballons schweben lässt und die Stimme verzerrt. Es reagiert praktisch mit nichts und ist chemisch äußerst stabil.

ION

Elektrisch geladenes Atom oder Molekül. Kationen tragen eine positive, Anionen eine negative Ladung. Ionen leiten Strom und sind für viele biologische Prozesse unverzichtbar.

IONISIERUNG

Prozess, bei dem ein Atom oder Molekül Elektronen aufnimmt oder abgibt und dadurch zu einem Ion wird.

ISOMERIE

Phänomen, bei dem Verbindungen dieselbe Summenformel, aber unterschiedliche Struktur besitzen. Je nach Anordnung können harmlose oder toxische Varianten entstehen.

KATALYSE

Vorgang, der chemische Reaktionen beschleunigt, ohne dass der Katalysator selbst verbraucht wird. Spart Energie und Zeit – in Labor, Industrie und Natur.

KATALYSATOR

Stoff, der eine chemische Reaktion beschleunigt, ohne sich dabei dauerhaft zu verändern. Unverzichtbar in Technik, Umweltchemie und Biologie.

KOHLENSTOFF

Zentrales Element allen Lebens. Es bildet eine nahezu unbegrenzte Vielfalt von Verbindungen – von Zucker über Graphit bis Diamant.

KRISTALL

Feststoff mit regelmäßig geordneter Struktur. Diamant ist der edelste, Kochsalz der alltäglichste Kristall. Sie glänzen, brechen Licht und zeigen messbare Symmetrie.

LÖSUNG

Homogene Mischung, in der ein Stoff vollständig im Lösungsmittel verteilt ist. Zucker im Tee ist das klassische Beispiel.

LÖSLICHKEIT

Maß dafür, wie gut sich ein Stoff in einem Lösungsmittel auflöst. Salz löst sich leicht in Wasser, Öl dagegen kaum – ein entscheidender Unterschied für Chemie, Geschmack und Wirkung.

MOL

Chemische Zähleinheit für Stoffmenge: $6{,}022 \times 10^{23}$ Teilchen (Avogadro-Zahl). Vergleichbar mit einem Dutzend – nur unvorstellbar größer. Grundlage fast aller chemischen Berechnungen.

NEUTRALISATION

Reaktion zwischen einer Säure und einer Base, bei der Salz und Wasser entstehen. Meist mit Wärmeentwicklung verbunden – das chemische Gleichgewicht in Reinform.

NEUTRON

Ungeladenes Teilchen im Atomkern. Es stabilisiert den Kern und spielt eine zentrale Rolle bei Kernspaltung und Kernfusion.

NITRAT
Stickstoffverbindung, die Pflanzen als Nährstoff aufnehmen. Kommt auch in Lebensmitteln und im Trinkwasser vor – in hoher Konzentration gesundheitlich problematisch.

OXID
Verbindung eines Elements mit Sauerstoff. Das bekannteste Beispiel ist Rost. Oxide dienen als Farbpigmente, Mineralien oder wichtige Werkstoffe.

OXIDATION
Prozess, bei dem ein Atom Elektronen abgibt. Häufig mit Sauerstoffaufnahme verbunden – etwa beim Rosten. Ein grundlegender Vorgang in Biologie und Technik.

PERIODENSYSTEM
Ordnungssystem aller chemischen Elemente. Es bildet die Grundlage zum Verständnis chemischer Reaktionen, Strukturen und Eigenschaften.

PH-WERT
Skala von 0 bis 14, die den Säure- oder Basencharakter einer Lösung beschreibt. Neutral liegt bei 7. Ein zentraler Parameter in Biologie, Chemie und Technik.

PHOSPHOR
Element, das in DNA, Knochen und Düngemitteln vorkommt. Weißer Phosphor ist hochreaktiv und giftig, roter Phosphor deutlich stabiler und sicherer.

POLYMER
Verbindung aus vielen gleichartigen Bausteinen (Monomeren). Grundlage für Kunststoffe, Proteine und DNA.

PROTON
Positiv geladenes Teilchen im Atomkern. Die Anzahl der Protonen bestimmt, welches Element ein Atom ist – die Chemie ist im Kern ein Spiel der Protonenzahl.

PUFFERSYSTEM
System, das den pH-Wert stabil hält, auch wenn Säuren oder Basen hinzukommen. Unverzichtbar in Blut, Chemie und Kosmetik.

RADIKAL
Teilchen mit ungepaarten Elektronen. Es ist extrem reaktiv, spielt eine Rolle bei Alterungsprozessen in der Haut und bei zahlreichen Reaktionen im Labor.

REAKTIONSGLEICHUNG

Symbolische Darstellung einer chemischen Reaktion. Zeigt Ausgangsstoffe, Produkte und ihre Mengenverhältnisse.

REDUKTION

Chemische Reaktion, bei der ein Stoff Elektronen aufnimmt. Gegenstück zur Oxidation – zentral in Batterien, Korrosion und Stoffwechselprozessen.

SAUERSTOFF

Lebenswichtiges Gas, das Atmung und Verbrennung ermöglicht. Es liefert Energie, lässt aber auch Metalle rosten.

SÄURE

Stoff, der Protonen (H^+-Ionen) abgibt. Reicht von milder Zitronensäure bis zu hochkonzentrierter Schwefelsäure.

SCHMELZPUNKT

Temperatur, bei der ein Stoff vom festen in den flüssigen Zustand übergeht. Charakteristisch für jedes Element oder Molekül.

SCHWEFEL

Gelbes Element, wichtig für Proteine, Vulkanchemie und industrielle Prozesse. Brennt mit blauer Flamme und verbreitet einen Geruch nach faulen Eiern.

SIEDEPUNKT

Temperatur, bei der eine Flüssigkeit gasförmig wird. Wasser siedet bei 100 °C, Ethanol bereits bei 78 °C.

STICKSTOFF

Hauptbestandteil der Luft (rund 78 %). Reagiert sehr träge, ist aber als Dünger, Kühlmittel und Bestandteil biologischer Moleküle unentbehrlich.

SUBLIMATION

Direkter Übergang eines Stoffes vom festen in den gasförmigen Zustand, ohne zu schmelzen. Beispiel: Trockeneis.

THERMOLYSE

Zerfall von chemischen Verbindungen durch Hitze. Genutzt in Industrie und Labor – manchmal auch unerwünscht.

VAN-DER-WAALS-KRÄFTE

Schwache Anziehungskräfte zwischen Molekülen. Sie sind entscheidend für die Struktur von Flüssigkeiten, Feststoffen – und dafür, dass Geckos an Wänden haften können.

WASSERSTOFF

Kleinstes und häufigstes Element des Universums. Reagiert leicht, bildet Wasser und liefert Energie in Brennstoffzellen.

WASSERSTOFFBRÜCKE

Schwache Bindung zwischen Molekülen oder Atomen. Stabilisiert DNA und Proteine und ist der Grund, warum Wasser bei Raumtemperatur flüssig bleibt.

Autor: Philip Nagel

Medieninhaber und Herausgeber:

APARA VERLAG
Mag. Nicole Nagel
Irrsberg 35
AT-5310 Mondsee
UID-Nr.: ATU69026414

Kontakt:
nicole-nagel@gmx.at

Buchsatz & Layout: Manu Ancutici
Covergestaltung: Mag. Nicole Nagel
Illustrationen: Mag. Nicole Nagel

Druck: Amazon Distribution GmbH
ISBN: 978-3-9505937-3-0

Für Hinweise, Verbesserungsvorschläge und Korrekturen ist der Autor dankbar.
Bitte richten Sie Ihr Schreiben an: Philip Nagel, philip-nagel@gmx.de

Dieses Buch wurde in Übereinstimmung mit den GPSR-Richtlinien der EU zur Sicherheit von Produkten erstellt.

Die Verordnung über die allgemeine Produktsicherheit ist der aktualisierte Rahmen der Europäischen Union, um sicherzustellen, dass alle Verbraucherprodukte, einschließlich Bücher, für Verbraucher sicher sind.

Dieses Buch wurde von CPI books GmbH gedruckt. Der Drucker hat Sicherheitszertifikate für die verwendeten Materialien wie Tinte, Papier und Kleber ausgestellt.

Die Produktkennung ist: 9783950593730

Der Autor ist für den Inhalt des Buches verantwortlich und hat das Buch von Bookmundo produzieren lassen.

Sollten Sie Fragen zur Sicherheit des Produkts haben, kontaktieren Sie uns bitte.

Bookmundo
Delftsestraat 33
3013AE Rotterdam
Die Niederlande
info@bookmundo.com

FSC
www.fsc.org
MIX
Papier | Fördert
gute Waldnutzung
FSC® C083411

Kolibri 360 GmbH
Ferdinand-Jühlke-Straße 7
99095 Erfurt, Deutschland
produktsicherheit@kolibri360.de